山东省人文社会科学课题（16-ZZ-SH-01）

海洋生态文化建设研究

——以山东半岛蓝色经济区为例

刘勇　等著

中国社会科学出版社

图书在版编目（CIP）数据

海洋生态文化建设研究：以山东半岛蓝色经济区为例／刘勇等著．—北京：中国社会科学出版社，2020.9

ISBN 978－7－5203－7148－3

Ⅰ.①海… Ⅱ.①刘… Ⅲ.①海洋生态学—文化生态学—生态环境建设—研究—山东 Ⅳ.①Q178.53

中国版本图书馆 CIP 数据核字(2020)第 169107 号

出 版 人 赵剑英
责任编辑 孔继萍
责任校对 郝阳洋
责任印制 郝美娜

出 版 中国社会科学出版社
社 址 北京鼓楼西大街甲 158 号
邮 编 100720
网 址 http://www.csspw.cn
发 行 部 010－84083685
门 市 部 010－84029450
经 销 新华书店及其他书店

印刷装订 北京市十月印刷有限公司
版 次 2020 年 9 月第 1 版
印 次 2020 年 9 月第 1 次印刷

开 本 710×1000 1/16
印 张 16.25
插 页 2
字 数 248 千字
定 价 98.00 元

序

海洋生态文化建设已经成为海洋文化建设和生态文化建设，尤其是新时代中国特色社会主义文化建设前沿性、重要性和迫切性的研究新课题，成为我国山东半岛蓝色经济区等沿海经济区海洋生态文明建设和海洋生态文明示范区建设的最持久、最深沉的力量，必将加快推动我国尽早实现美丽海洋、美丽中国和海洋强国的目标。因此，研究这一问题具有十分重要的理论价值、实践价值和学术价值。

刘勇教授、鲁春晓博士等长期从事山东半岛蓝色经济区海洋生态文明、海洋文化、生态文化、生态环保、海洋经济发展等问题的研究，理论与实际相结合取得了一些成果。现在呈现给读者的这本《海洋生态文化建设研究——以山东半岛蓝色经济区为例》，既是作者近三年研究这一问题的结晶，也是2016年度山东省人文社会科学课题“海洋生态文化建设研究——以山东半岛蓝色经济区为例”的最终成果。在该著作中，作者综合运用海洋文化学、生态文化学、生态环保学、海洋经济学和社会学等学科知识，以及运用文献研究法、逻辑与历史相结合的方法、图表分析法、综合研究与案例研究、分析现状和预测未来相结合等方法进行研究，一是注重收集、整理和归类相关文献并进行研究，汲取世界各类文明、文化成果的精华，以新时代中国特色社会主义文化理论为指导，进行理论探讨，构建海洋生态文化建设的理论体系；二是进一步厘清海洋生态文化这一全新概念的历史演进过程，明晰海洋生态文化出现的现实背景、发展必然逻辑和重大理论价值及现实意义；三是通过比较分析国内外发展海洋生态文化的理论与实践，找准我国发展海洋生态文化的有利条件和制约因素，扬长避短，加快海洋生态文化建设和海洋强国建设。尤其是注重微观和宏观、国内和国外、理论和实践、静态和动态、近期和远期等方面的结合进行研究，无疑丰富了该领域的研究方法，提高了诸如此类问题的研究能力。同时，作者从解析生态文化思想及其发展脉络；海洋生态文化出现的现实背景、重大意义和发展逻辑；海洋生态文化的理论体系探讨；海洋生态文化建设的有利条件和制约因素；以山东半岛蓝色经济区建设为典型，构建我国海洋生态文化建设的战略对策五个方面依次展开研究并提出了许多新观点，具有较强的现实针对性和一定的创新性，相信这些观点和建议对山东海洋强省乃至海洋强国的建设，将起到积极的推动作用。

刘勇教授等作为高校教师在教书育人的过程中注重对社会现实问题的理论研究，这种努力是值得肯定的。我谨向该著作的问世表示祝贺，并期望作者不断取得新的学术成果。

张士闪

2019 年 7 月 1 日

目　录

第二部分 海洋生态文化出现的现实背景、重大意义和发展逻辑

第三部分 海洋生态文化的理论体系探讨

第四部分 海洋生态文化建设的有利条件和制约因素

第五部分 以山东半岛蓝色经济区建设为典型，构建我国海洋生态文化建设的战略对策

前　言

一　目前国内外海洋生态文化建设研究的现状综述

进入21世纪以来，特别是近几年，海洋生态文化建设已经成为海洋文化建设和生态文化建设，尤其是新时代中国特色社会主义文化建设研究的新课题和重要组成部分，已经成为海洋生态文明建设和海洋生态文明示范区建设的引领和灵魂，成为我国山东半岛蓝色经济区等沿海经济区建设的最深层、最坚实的软实力，必将加快推动我国尽早实现美丽海洋和海洋强国的目标。中国特色社会主义进入新时代，尽管我国海洋生态文化建设取得了一定进步，但掠夺式开发海洋而造成的浪费和污染等问题越来越严重，对我国海洋生态文化建设极为不利。因此，当前应当科学理解和把握海洋生态文化概念，厘清海洋生态文化这种新的文化形式，认识我国海洋生态文化建设的重要理论价值和重大现实意义，明晰发展海洋生态文化的有利因素和制约因素，构建海洋生态文化建设的理论框架，[①] 并以山东半岛蓝色经济区为例，加强对我国海洋生态文化建设的理论研究和伟大实践。

（一）国外海洋生态文化建设研究的现状与趋势

C. 迈克尔·霍尔（C. Michael Hall）认为人为因素的干扰会严重破坏海洋生态文化系统的稳定，应减少人为因素对海洋生态文化的破坏。[②] 弗

---

① 刘勇、刘秀香：《对我国海洋生态文化建设问题的思考》，《福建江夏学院学报》2013年第4期。

② C. Michael Hall, "Trends in Ocean and Coastal Tourism: The End of the Lastfrontier?", *Ocean & Coastal Management*, 4, 2001, pp. 601 -618.

兰西斯（J. Franxis）、尼森（A. Nilsson）和沃林盖（D. Waruinge）等指出：海洋生态文化的建设是一个系统工程，既要有人文方面因素的考虑，也要有生态方面的考量；海洋文化专家玛莎·蒲池（Masa Kamachi）提出了海洋气候研究对海洋生态文化有重要影响。① 哈奇和弗里斯特鲁普（Hatch and Fristrup）建议应加强协调和规制结构，控制噪声等人为污染，使民众在海洋生态建设中“获取安静的利益”②。韩国学者金胜奎在强调海洋科技促进海洋经济发展的同时，也强调保护珍贵的海洋生态环境及生物多样性的重要性③；海洋文化专家马萨·卡马奇（Masa Kamachi）提出了海洋气候研究对海洋生态文化有重要影响。④ 国际海洋学会主席奥尼·贝楠（Awni Behnam）提出人类处于新海洋文明时代，同时又存在“发展困局”：海洋越发展，生态和文化越受冲击，人类需创新发展途径，与海洋建立共发共生关系。⑤

自21世纪以来，以欧美为代表的发达国家陆续出台一些海洋开发新战略，以推动蓝色海洋向纵深发展等政策的实施。发达国家纷纷开展制定海洋政策、海洋法规和海洋计划等，如《俄罗斯国家海洋政策》《加拿大海洋战略》《美国21世纪海洋蓝图》《欧盟海洋政策（绿皮书）》以及《欧盟海洋综合政策（蓝皮书）》陆续问世；日本颁布《海洋政策基本法》；英国实行《海洋与海岸带准入法》；美国、加拿大和欧盟则实施了《海洋行动计划》《海洋产业集聚对策》《近海风能行动计划》等，集海

---

① 《国际知名海洋同化专家访问南海海洋所》（2004－12－16），http：//www. cas. cn/hzj l/gjjl/hzdt/200412/t20041216_1713048. shtml。

② Hatch Leila，T.，Fristrup Kurt，M. No Barrier at the Boundaries：Implementing Regional Frameworks for Noise Management in Protected Natural Areas，Mar Ecol Prog Ser，395，2009，pp. 223－244.

③ 《海洋经济热浪拍岸　顶尖专家建言献策——万山海洋开发和海洋经济发展战略高层专家研讨会》，（2012－06－28）http：//www. zhsw. gov. cn/sww_gqdw/gzdt/201206/t20120628_302094. html。

④ 《国际知名海洋同化专家访问南海海洋所》（2004－12－16），http：//www. cas. cn/hzjl/gjjl/hzdt/200412/t20041216_1713048. shtml。

⑤ 《21世纪科学的重大方向：国际海洋与城市科学》（2012－10－19），http：//www. npopss－cn. gov. cn/n/2012/1019/c219470－19319926. html。

洋政策、海洋法律和海洋行动计划为一体的海洋开发新战略体系。[①]

（二）国内海洋生态文化建设研究的现状与趋势

国内专家刘时容认为人类面临的一切生态问题本质上是文化和价值层面的问题[②]；余谋昌指出“生态文化的理论要求是确立自然价值论，实践要求是生产方式和生活方式的转变”[③]；刘湘溶首次对我国生态文明发展战略进行了系统研究，提出了“一个构建、六个推进”的框架体系[④]；郑冬梅提出“海洋生态文明建设对海洋生态环境保护及海洋开发利用影响巨大”[⑤]；王颖指出“中国海洋文化具有开放传播性、区域性、亚洲—太平洋边缘海文化的特点”[⑥]；郑冬梅、洪荣标又进一步从引入海洋环境文化的概念入手，探析其内涵及重要性，分析了海洋环境文化与海洋经济的辩证关系，并就海洋环境问题，从海洋环境文化层面剖析原因，提出了海洋环境文化建设的对策思路。[⑦] 叶冬娜要求从本质上提升公民的文化素养与精神境界，揭示海洋文化的精髓，并以此为引领，开发利用海洋，创造和谐的海洋环境[⑧]；王斌认为需要以和谐海洋文化的理念统领海洋生态环境保护，构建海洋生态环境保护的良好氛围和文化思想保证。[⑨] 张永贞、张开城认为海洋文化生态包括实现海洋文化可持续发展的海洋社会环境和自然环境。从生态学的角度看，海洋文化生态具有整体性、动态性、主体性；海洋文化主体的生态意识、海洋文化生态的平稳度、

---

① 刘康：《国际海洋开发态势及其对我国海洋强国建设的启示》，《科技促进发展》2013 年第 9 期。

② 刘时容：《论生态文化的两种价值取向》，《湖南人文科技学院学报》2009 年第 3 期。

③ 余谋昌：《环境哲学的使命：为生态文化提供哲学基础》，《深圳大学学报》（人文社会科学版）2007 年第 3 期。

④ 刘湘溶：《我国生态文明建设应致力于“一个构建”和“六个推进”》，《湖南师范大学社会科学学报》2008 年第 4 期。

⑤ 郑冬梅：《海洋生态文明建设——厦门的调查与思考》，《中共福建省委党校学报》2008 年第 11 期。

⑥ 王颖：《海洋文化特征及中国海洋文化》，《中国海洋报》2008 年 3 月 10 日第 2 版。

⑦ 郑冬梅、洪荣标：《关于海洋环境文化建设与海洋环境保护的若干思考》，《海洋环境科学》2008 年第 1 期。

⑧ 叶冬娜：《海洋生态文化研究探析》，《辽宁工业大学学报》（社会科学版）2015 年第 5 期。

⑨ 王斌：《保护海洋生态环境构建和谐海洋文化》，《中国海洋文化论文选编》，海洋出版社 2008 年版，第 441 页。

海洋文化生态环境的作用是影响海洋文化生态的因素。并提出了提高海洋文化主体的生态意识、合理开发与配置海洋文化资源、完善海洋文化生态的管理与立法、减少人类活动对海洋文化生态的不良影响、构建和谐海洋文化生态圈应成为维护海洋文化生态的路径选择。① 赵利民首次提出要构筑多元化的海洋生态文化宣传平台，为我国海洋经济高质量发展提供强有力的理论支撑。② 盖雷认为现今科技高度发达的时代，人类已将海洋视为发展的新兴基地，但同时也给海洋带来了严重的生态破坏；我国政府已将可持续发展政策普及社会发展的各个方面；海洋生态学为人类合理开发利用海洋的实践行为提供了海洋生态学学科的理论依据。③ 马骏、狄龙着力研究海洋环境保护目标、区域经济发展需求及环境状况诸方面，提出了提高公民海洋环境保护意识的对策。④ 马德毅强调建立海洋生态环境保护系统，控制并逐渐恢复海洋生态支持力；张开城提出中华文明是农耕文明、游牧文明、海洋文明的统一体，海洋文明是中华文明的重要组成部分；徐质斌建议整理充实提升我国古代海洋文化遗存，构建中国特色的海洋文化史；曲金良提出要将海洋相关人文社会科学与海洋自然理工学科结合起来，跨学科交叉研究来构建中国海洋文化理论体系；娄成武强调开展海洋文化理论研究要基于中国正在"建设海洋强国"这一前提，要具有问题意识和现实导向，为国家海洋强国战略服务。⑤ 宋宁而、王聪认为海洋生态文化的产生及发展与其生存的海洋生态环境、海洋社会环境和海洋生态文化子元素之间的彼此互动关系形成了青岛渔盐古镇韩家村海洋文化的内部生态环境。因此，要保持海洋生态文化可持续发展，就必须从整体的视角出发来构建海洋生态文化体系。⑥ 刘勇、

---

① 张永贞、张开城：《关于海洋文化生态的几个问题》，《经济与社会发展》2009 年第 10 期。

② 赵利民：《加强海洋生态文明建设 促进海洋经济转型升级》，《海洋开发与管理》2010 年第 8 期。

③ 盖雷：《海洋生态学与中国可持续发展》，《学理论》2011 年第 27 期。

④ 马骏、狄龙：《海洋环境保护意识和策略探析》，《科技风》2011 年第 4 期。

⑤ 刘勇、刘秀香：《对我国海洋生态文化建设问题的思考》，《福建江夏学院学报》2013 年第 4 期。

⑥ 宋宁而、王聪：《海洋文化生态的保护与建设——以青岛渔盐古镇韩家村为例》，《广东海洋大学学报》2012 年第 2 期。

刘秀香科学阐述了海洋生态文化的概念内涵及其特征，海洋生态文化以海洋为依托、以人为主体、以人的对象世界为主要表现形式，是人海交往互动过程中形成的思想道德观念、价值伦理观念、活动方式、精神状态及思维方式等；因而，它是人与海洋和谐共生、良性循环，从而保持海洋经济及整个海洋可持续发展的一种新的文化形态。海洋生态文化具有源地性、传承性、和谐性、创新性和开放性等特征。[①] 欧玲指出，分析研究海洋生态文化的内涵、发展历程、构建相应的评价分析方法，有助于总结海洋文明成果，为现代海洋生态建设提供理论支撑和智力支持，为海洋生态文明发展指明方向。[②] 江宗超、林加全认为当前广西的海洋生态文化建设面临着资金投入不足、生态文化意识薄弱、制度保障缺位、生态文化人才匮乏及宣传推广乏力等薄弱问题的制约，应通过多种途径加以解决。[③] 叶冬娜提出，海洋生态文化的本质体现了人与海协同发展的关系，研究探讨海洋生态文化，对于促进海洋经济社会和海洋生态环境的可持续发展意义重大。[④] 黄家庆指出，广西沿海开发区填海造地破坏了滩涂海湾生态环境，建设港口码头影响了近岸海洋生态系统，建设发展增加了海洋生态环境污染风险，其人口增长给沿海生态环境带来了压力。为提升人们与海洋和谐共处的文化自觉，化解开发区建设发展与海洋生态保护的矛盾，广西沿海开发区应构建由海洋生态物质文化、海洋生态精神文化、海洋生态制度文化构成的海洋生态文化。[⑤]《中国海洋生态文化》研究成果发布会2016年在深圳召开，马培华指出，研究中国海洋生态文化，就是要让社会公众了解我国海洋事业科学发展的重要性，形成关心、关注、关爱海洋的文化自觉；江泽慧认为，海洋生态文化要着眼

---

① 刘勇、刘秀香：《对我国海洋生态文化建设问题的思考》，《福建江夏学院学报》2013年第4期。

② 欧玲：《海洋生态文化建设初探——以厦门为例》，硕士学位论文，国家海洋局第三海洋研究所，2013年。

③ 江宗超、林加全：《广西海洋文化的生态伦理转向》，《长春工业大学学报》（社会科学版）2013年第1期。

④ 叶冬娜：《海洋生态文化观的哲学解读》，《淮海工学院学报》（人文社会科学版）2014年第3期。

⑤ 黄家庆：《广西沿海开发区海洋生态文化构建研究》，《广西社会科学》2016年第11期。

于构建人海和谐共生、协同发展的统一整体，正确处理人海之间的关系，为建设海洋强国战略服务；孙书贤表示，加强海洋生态文明建设已逐渐成为建设海洋强国的必然选择；彭有冬指出《中国海洋生态文化》一书系统总结和阐述了当今我国海洋生态文化研究的观点和丰富成果，反映出我国专家学者对这一前沿性、关键性和紧迫性问题的高度关注。[①] 高雪梅、孙祥山、于旭蓉认为，分析海洋文化与海洋生态文明的关系，明确海洋文化的灵魂作用至关重要，对于探讨海洋文化对海洋生态文明建设中的海洋意识培养、海洋行为规范、海洋文化产业比例提升、海洋生态修复与补偿等方面的影响力，以及建立海洋文化体系、形成体制机制和浓厚的氛围具有积极作用。[②] 杨柳薏提出海洋生态文化分别是海洋文化和生态文化组成部分。加强海洋生态文化建设，保护海洋生态环境，必须合理调整人海关系，通过法律法规强化海洋生态文化建设。[③] 赵玲分析了公众参与作为海洋生态文化建设的不可或缺的环节，其途径主要包括：完善公众参与的法律法规，健全海洋资源使用的公众参与机制，重视公众参与的文化传承机制，健全公众参与的行动实践机制四个方面。[④] 马仁锋、侯勃、窦思敏、王腾飞梳理海洋生态文化零散的、多学科的内涵与相关实践，以多元主体及其互动为主线的综合视角诠释海洋生态文化的形成、体系和实践模式。认为：①海洋生态文化认知经历了“观念萌发→感性认识→理性响应→理性—感性交融”过程；认知逻辑上实现了海洋生态系统的资本逻辑向保护逻辑，继而向服务逻辑转变；②海洋生态文化涵盖物质、行为、体制三层面，不同空间尺度下起主导作用的主体不同，不同主体在建设海洋生态文化过程中扮演不同角色且相互掣肘；③海洋生态文化实践体系包括以政府主导的规划编研及其实施、企业及其他组织的法人管理文化、公众的海洋意识与生活行为等，但中国海洋生态文化实践过程存在政府强势推动，法人组织与公民海洋意识淡薄且

---

① 耿国彪：《〈中国海洋生态文化〉研究成果在深圳发布》，《绿色中国》2016 年第 11 期。

② 高雪梅、孙祥山、于旭蓉：《“一带一路”背景下海洋文化对海洋生态文明建设影响力研究》，《广东海洋大学学报》2017 年第 2 期。

③ 杨柳薏：《海洋生态文化保护的法律思考》，《广西社会科学》2017 年第 4 期。

④ 赵玲：《基于公众参与的海洋生态文化建设初探》，《经济师》2017 年第 8 期。

缺乏行动指引，海洋生态文化实践亟待提升科学普及与媒介引导等问题。[①] 徐文玉明确指出海洋生态文化产业的发展是我国海洋生态文明建设和海洋强国战略下产业转型升级的有力践行，但目前我国学者对海洋生态文化产业的研究还需进一步深化。力求对海洋生态文化产业的概念、属性、内涵和特征进行界定与阐述，并分析我国海洋生态旅游业等六大海洋生态文化产业形态的发展现状和趋势，在此基础上，提出我国海洋生态文化产业发展的应有策略，以期能够丰富海洋生态文化理论体系。[②] 我国也积极应对新世纪国际海洋开发形势发生的新变化，党的十八大以来，我国出台了《全国海洋经济发展“十三五”规划》《“十三五”海洋领域科技创新专项规划》《海洋可再生能源发展“十三五”规划》《海洋卫星业务发展“十三五”规划》《全国海岛保护工作“十三五”规划》等海洋经济、海洋科技创新、海洋资源和能源、海洋卫星业务和海岛保护发展规划多个海洋政策规划，加上地方和沿海经济区的海洋政策规划，基本形成了我国海洋建设发展的战略架构体系。

从以上研究成果和观点来看，国外专家学者提出应减少人为因素的干扰、治理全球海洋气候、控制噪声污染、保护珍贵的海洋生态环境及生物多样性、创新发展途径并与海洋建立共生共融关系，以及从人文和生态两个方面考量等加强海洋生态文化建设；特别是以欧美为代表的发达国家陆续出台一些海洋开发新战略，以推动蓝色海洋向纵深发展等。这为本课题的研究和我国海洋生态文化建设提供了很多重要启示和参考。当前，我国专家学者对于海洋生态文化的研究大多集中于海洋文化的价值伦理观念转变，人海应共融共生、协同发展，海洋文化的核心要义，海洋文化理论体系的构建；海洋生态文化的概念、内涵、实质、特征、发展历程、结构体系和构建相应的评价分析方法，海洋环境文化与海洋经济的关系，海洋文化、海洋生态文明、海洋生态文化[③]之间的相互关系

---

① 马仁锋、侯勃、窦思敏、王腾飞：《海洋生态文化的认知与实践体系》，《宁波大学学报》（人文科学版）2018 年第 1 期。

② 徐文玉：《我国海洋生态文化产业及其发展策略刍议》，《生态经济》2018 年第 1 期。

③ 郑冬梅、洪荣标：《关于海洋环境文化建设与海洋环境保护的若干思考》，《海洋环境科学》2008 年第 1 期。

等社会公众海洋意识培养，海洋行为规范，政府、社会和公众参与，海洋文化产业比例提升，海洋生态修复与补偿，海洋生态文化法治和制度完善，构筑理论研究阵地和舆论宣传平台，特别是我国海洋战略的顶层设计和框架体系构建等措施途径加强我国海洋生态文化建设。我们要充分吸收国内外关于海洋生态文化建设研究成果和重要观点，并对以上理论实践进行梳理、分类、提升，并加以借鉴和运用。可见，现有研究成果和观点对我们研究本课题提供了重要基础条件，但我国把海洋生态文化作为一个门类，把海洋生态文化建设特别是以山东半岛蓝色经济区为例进行海洋生态文化建设的整体研究，主要从解析生态文化思想及其发展脉络，论述海洋生态文化出现的现实背景和发展逻辑，阐释初步建构海洋生态文化建设的理论框架体系，分析我国建设发展海洋生态文化的有利条件和制约因素，提出我国建设和发展海洋生态文化的战略对策等问题的系统研究尚属首次。为了适应我国海洋经济高质量发展、加快建设海洋美丽强国和海洋强省目标的需要，特别是贯彻落实 2018 年 3 月 8 日习近平同志关于经略海洋的重要讲话精神，亟须加强该课题的研究。

二 研究成果的理论价值和现实意义

“海洋生态文化建设”研究有着重要的理论价值和重大现实意义；进入 21 世纪后日益引起国内外理论学术界专家学者的关注与研究。但现有的研究还比较零散、比较薄弱，特别是以山东半岛蓝色经济区为例进行海洋生态文化建设的整体研究尚属首次。因此，当前加强海洋生态文化建设研究具有重要的理论价值和现实意义。

（一）海洋生态文化建设的理论价值

1. 研究海洋生态文化建设有助于加深人们对习近平同志关于人与海洋关系的认识和海洋思想的理解。加强对海洋生态文化建设的研究，不但能够丰富发展我国海洋生态、海洋文化建设的理论宝库，而且能够为进一步深化海洋文化和海洋生态文明建设提供理论支持和智力支撑，为建设绿色海洋、低碳海洋、循环海洋和可持续发展的海洋、实现海洋强省和海洋强国目标奠定理论基础。同时，还可以帮助人们树立海洋生态文明意识和理念，形成建设蓝色美丽海洋的“创新、协调、绿色、开放、共享”的新发展理念，[①] 提高人们对海洋资源深层次高质量整合开发利用、绿色可持续海洋生态环境保护的文化自觉，这也将有利于深化人们对习近平同志关于人与海洋关系的认识和海洋思想的理解。

2. 研究海洋生态文化建设能够不断丰富发展新时代中国特色社会主义文化建设理论体系的内涵。海洋生态文化这一概念的出现，标志着人类对待蓝色海洋思维方式的重大转变，也标志着人类强化污染防治和生态修复、加强海洋生态文明建设和化解海洋生态危机新理念和新方法的产生，使人类对绿色美丽海洋的开发、利用、建设和保护方式朝着生态化和循环利用型的方向转化转变与创新发展。因此，加快海洋生态文化建设，可以帮助人们正确树立对待海洋的新道德观、价值观、伦理观、思维方式，以及生产和生活方式等，这必将会不断创新发展海洋文化、生态文化和海洋生态文明的研究成果，[②] 进一步丰富新时代中国特色社会主义文化建设理论体系的内涵。

（二）海洋生态文化建设的现实意义

1. 建设海洋生态文化是贯彻落实党的十八大以来，以习近平同志为核心的党中央对发展海洋事业、建设海洋强国的重要指示批示和明确要求，从而引领我国海洋事业的高质量发展，早日实现全面建成小康社会和中华民族伟大复兴的宏伟目标。在科学技术迅猛发展而促进海洋经济快速发展的同时，海洋生态建设和保护滞后、沿海港口资源分散、海洋科技成果本地转化率低等一系列突出问题[③]也亟须解决；“尤其是当前面临各国对海洋资源开发和争夺日趋激烈的错综复杂的国际态势，迫切要求把维护海洋权益摆到极为重要的位置。”[④] 而加强海洋生态文化建设可

① 《中国共产党第十八届中央委员会第五次全体会议公报》，《大众日报》2015 年 10 月 30 日第 1 版。

② 刘勇、刘秀香：《对我国海洋生态文化建设问题的思考》，《福建江夏学院学报》2013 年第 4 期。

③ 本报评论员：《做好经略海洋这篇大文章》，《大众日报》2018 年 3 月 11 日第1 版。

④ 刘勇、刘秀香：《对我国海洋生态文化建设问题的思考》，《福建江夏学院学报》2013 年第 4 期。

以有效解决以上限制我国海洋事业高质量发展的现实问题。

2. 为落实党的十九大提出的“坚持陆海统筹，加快建设海洋强国”[①]战略部署，必须以习近平新时代中国特色社会主义思想为指导，亟须加强对海洋生态文化及海洋生态文化建设理论研究，树立全新的海洋生态文化观，尽快建立海洋生态文化建设的理论体系，正确处理人海关系。本课题研究可以为我国海洋生态文化建设伟大实践的决策提供理论支撑、智力支持、资政服务和依据参考。

3. 建设海洋生态文化是对我国海洋生态环境保护和海洋生态文明建设实践经验的理论升华，也是对我国海洋循环利用和海洋经济高质量发展的重大选择。因此，加强海洋生态文化建设研究，能够为我国的海洋生态环保落地落实和海洋生态文明示范区建设提供理论支持，有助于解决当前我国海洋经济发展中存在的深层次矛盾和突出问题，加快实现海洋强省和海洋强国目标。

三 研究成果的主要内容和基本观点

（一）研究成果的主要内容

本课题研究的内容主要包括五部分：

1. 解析生态文化思想及其发展脉络。

全面解析中国古代朴素的生态文化、近代西方以“人类中心主义”生态观为核心的生态文化、科学的生态文化三个阶段丰富的思想内涵和历史发展脉络，揭示生态文化发展的规律性。

2. 海洋生态文化出现的现实背景、重大意义和发展逻辑。

（1）海洋生态文化出现的现实背景。

①“时代是思想之母，实践是理论之源。”[②]海洋生态环境面临的一系列严重问题亟须解决，促使海洋生态文化出现。当前我国山东半岛蓝色经济区等沿海经济区海洋生态环境面临近海受到陆源污染的严重威胁、

---

① 习近平：《决胜全面建成小康社会 夺取新时代中国特色社会主义伟大胜利——在中国共产党第十九次全国代表大会上的报告》，《人民日报》2017年10月28日第1版。

② 同上。

石油污染的巨大风险、部分渔业资源已开始枯竭、海洋资源开发利用方式因循守旧[1]等，造成海洋环境污染、海洋资源浪费、海洋灾害频发、海洋生态破坏等问题，严重阻碍了海洋经济高质量发展和海洋强国战略目标实现。因此，人们越来越强烈地认识到：保护绿色可持续的海洋生态环境是刻不容缓、时不我待的重要使命。可见，经略海洋伟大实践中出现的严重问题，甚至是危机倒逼海洋生态文化这一全新概念的出现，并以此为引领加快海洋生态文明保护和建设。

②“创新、协调、绿色、开放、共享”[2] 的新发展理念，要求海洋经济发展方式和人类生活方式朝着绿色发展方式和生活方式的方向转变，这就使海洋生态文化的出现水到渠成。推进海洋经济发展方式向“绿色低碳循环”[3] 发展转变，还海洋以宁静、和谐、美丽；推进人类生活方式向简约适度、绿色低碳，自觉“尊重自然、顺应自然、保护自然”[4] 的方向转变，建设我国蓝色美丽海洋，创造良好生活环境，维护全球海洋生态安全。从而让整个社会和全体人民自觉或不自觉地容纳和接受海洋生态文化这一全新的概念，使其成为人类和社会的现实需要，并以此为引领加快海洋经济高质量发展和海洋强国战略目标实现。

（2）海洋生态文化形成发展的逻辑。

海洋生态文化有其形成发展的内在逻辑及其规律性和必然性，它既是新时代海洋文化自身发展的要求，也是生态文化本身发展的必然结果。[5]

①海洋生态文化是新时代海洋文化自身发展的要求。随着科学技术的发展，人类久而久之便会形成人海的尖锐矛盾，致使人类经常遭受到

---

① 刘勇、刘秀香：《浅谈山东半岛蓝色经济区海洋生态文明建设》，《潍坊学院学报》2013年第5期。

② 《中国共产党第十八届中央委员会第五次全体会议公报》，《大众日报》2015年10月30日第1版。

③ 习近平：《决胜全面建成小康社会　夺取新时代中国特色社会主义伟大胜利——在中国共产党第十九次全国代表大会上的报告》，《人民日报》2017年10月28日第1版。

④ 同上。

⑤ 刘勇、刘秀香：《对我国海洋生态文化建设问题的思考》，《福建江夏学院学报》2013年第4期。

海洋的报复和惩罚。海洋文化就是人类深刻反思蓝色海洋出现问题的产物。海洋文化虽然解决了人类对海洋文明的引领问题，但是没有从根本上处理好人海之间的关系，海洋文化的自身发展也要求由海洋生态文化这一重新认识人与海洋关系的新概念、新理念来代替它，从而真正实现海洋生态环境问题的解决。可见，这是海洋文化自身发展的重要趋势。因而，海洋生态文化既是海洋文化自身发展的要求，也是人类文化可持续发展的战略选择。[①]

②海洋生态文化也是生态文化自身发展的必然逻辑结果。生态文化有其自身发展的规律性，它经历了中国古代朴素的生态文化、西方近代以“人类中心主义”生态观为核心的生态文化、科学的生态文化三个历史发展阶段，每个阶段都有其丰富的思想内涵和特点。蓝色海洋是美丽地球的重要组成部分，人类在海洋经济发展中也面临资源、环境和经济发展的尖锐矛盾，而要解决这些问题，同样需要全新的海洋生态文化引领人类发展，这样，海洋生态文化的出现也就同样不可避免。因此，海洋生态文化也是生态文化自身发展的必然逻辑结果。[②]

3. 海洋生态文化的理论体系探讨。

在解析生态文化思想及其发展脉络、阐述海洋生态文化出现的现实背景和发展逻辑两个重要问题基础之上，主要从海洋生态文化的含义及特征、基本要求、结构体系、建设目标、运行和保障体系五个方面[③]，较为全面系统研究探讨和初步建构海洋生态文化建设的理论框架体系。

（1）海洋生态文化及其特征。海洋生态文化以海洋为依托、以人为主体、以人的对象世界为主要表现形式，是人类在与蓝色海洋交往互动过程中形成的价值观念、伦理观念、活动方式、精神状态及思维方式等；因而，它是人与海洋和谐共生、良性循环，从而保持海洋经济可持续发展的一种新的文化形态。海洋生态文化具有源地性、传承性、和谐性、

---

① 刘勇、刘秀香：《对我国海洋生态文化建设问题的思考》，《福建江夏学院学报》2013 年第 4 期。

② 同上。

③ 同上。

创新性和开放性等特征。[①]

（2）建设海洋生态文化的基本要求。海洋生态文化的内涵及其特征，决定了海洋生态文化有着不同于其他生态文化形式的基本要求。这主要表现在：①海洋生态文化须坚持海洋自然观、海洋整体论和海洋有机论的自然观；②海洋生态文化须坚持人与海洋的相互依存、共生共融、和谐发展、共同进化的认识论；③海洋生态文化须坚持以生态学方式科学思维的方法论；④海洋生态文化须坚持尊重"海洋生命"的价值、生存、发展权利的价值观和伦理观；⑤海洋生态文化须坚持自觉遵循自然规律，开发、利用并保护海洋的实践论。[②]

（3）海洋生态文化的结构体系。海洋生态文化主要由繁荣的海洋生态物质文化、先进的海洋生态精神文化、和谐的海洋生态制度文化[③]、规范的海洋生态行为文化四个方面构成。

①繁荣的海洋生态物质文化既是海洋生态文化的外在表现，又是海洋生态文化的物质载体和承担者。繁荣的海洋生态物质文化包括海洋产业经济生态化和海洋生态资源产业化两个方面。其中，海洋产业经济生态化是建设繁荣的海洋生态物质文化的目标和结果；而海洋生态资源产业化是建设繁荣的海洋生态物质文化的基础和前提。[④]

②先进的海洋生态精神文化是海洋生态文化的核心和灵魂，是海洋生态文化发展的内在动力。先进的海洋生态精神文化表现为一种新的道德观、价值观、伦理观、生产和活动方式，以及思维方式等，人类通过这一先进的海洋生态精神文化引领，建设更加繁荣的海洋生态物质文化。因此，先进的海洋生态精神文化是繁荣海洋生态物质文化的核心和灵魂。[⑤]

③和谐的海洋生态制度文化是海洋生态文化建设的保障，它既规范

---

① 刘勇、刘秀香：《对我国海洋生态文化建设问题的思考》，《福建江夏学院学报》2013 年第 4 期。

② 同上。

③ 同上。

④ 同上。

⑤ 同上。

着繁荣的海洋生态物质文化发展，又为先进的海洋生态精神文化建设保驾护航。和谐的海洋生态制度文化建设既要不断完善海洋自然生态与环境保护的法律制度，又要在海洋经济发展中遵循市场经济规律和科学决策，还要建立海洋生态文化建设的和谐长效机制，以真正发挥和谐的海洋生态制度文化的保障作用。[①]

④规范的海洋生态行为文化是海洋生态文化建设的最终体现和结果。海洋生态文化的积极成果，要通过政府及其部门、用海者和公众构成海洋生态文明行为的三大主体加以体现。[②] 他们是否以文明的意识、伦理道德观念、完善的法律法规、严格的规章制度和科学的理论指导自身的行为，注意协调我国海洋经济发展中存在的开发、利用和保护，以及资源、环境和经济发展的矛盾，直接体现海洋生态文化建设的程度和结果。

（4）海洋生态文化的建设目标。

蓝色美丽海洋是21世纪人类社会生存和发展的重要利用空间和开发建设利用的新经济增长极，它蕴藏着人类延续发展的生产资料和消费资料，也是海洋高质量发展的战略要地，[③] 人类社会的可持续发展将越来越多地依赖海洋资源。因此，海洋生态文化的建设必须要树立海洋生态理念，科学认知和利用海洋；倡导海洋绿色发展，引领海洋高质量发展；共建海洋生态文明，打造和建设美丽海洋三个方面的目标。[④]

①树立海洋生态理念，科学认知和利用海洋。这就要求人们深入了解我国海洋的基本情况，树立“海洋国土”概念、现代海洋理念和海洋生态观念，以海洋生态文化及海洋生态文化建设理论为指导开发、建设、利用并保护我国蓝色海洋。主要是在加强临海、近海、远海的统筹建设，优化海洋资源开发利用的空间布局，提高海洋宏观管理水平和维护我国

---

① 刘勇、刘秀杳：《对我国海洋生态文化建设问题的思考》，《福建江夏学院学报》2013年第4期。

② 陈建华：《对海洋生态文明建设的思考》，《海洋开发与管理》2009年第4期。

③ 本报评论员：《做好经略海洋这篇大文章》，《大众日报》2018年3月11日第1版。

④ 刘勇、刘秀香：《对我国海洋生态文化建设问题的思考》，《福建江夏学院学报》2013年第4期。

海洋权益等方面[1]向海洋挖潜力、要质量、求效益，抢占未来海洋战略制高点。[2] 实现人们对我国海洋的全面科学认识和把握，以及加快对我国海洋的开发建设、利用保护，为人民谋福祉。

②倡导海洋绿色发展，引领海洋科学发展。这就要求我们必须树立合理开发建设、有效利用保护海洋的思想，加强陆源、海源污染防治，实现海洋高端产业发展和节能减排，有效保护海洋生态环境，积极推进海洋经济绿色发展。通过大力发展绿色经济、低碳经济和循环经济，转变海洋经济发展方式，调整优化升级海洋经济结构，整体提高海洋资源的利用率和海洋经济对国民经济的贡献率，不断增强海洋生态环境保护和海洋生态恢复能力，实现海洋生态环境与现代海洋经济和谐高质量发展。[3]

③共建海洋生态文明，打造和建设美丽海洋。[4] 这就要求我们必须将传统的海洋文化观转变为全新的海洋生态文化观，把海洋生态文化建设和海洋生态文明建设寓于实现中华民族伟大复兴的“中国梦”之中。统筹共建人海共生、人海共融、人海一体、人海和谐的氛围，强化海洋生态文化建设和海洋生态文明建设宣传教育，建立健全蓝色美丽海洋的区域合作和公众参与机制，努力形成关心热爱海洋、认识探讨海洋、敬畏尊重海洋、经略保护海洋的良好环境，加快建设蓝色和谐美丽海洋。

（5）海洋生态文化建设的运行保障体系。

①宣传引导保障。包括宣传引导、全民共育，构建网络、全员覆盖；通过健全机构、完善体系，创新形式、增强效果等途径和形式加以实现。

②法治规范保障。通过制定法律法规、完善法规体系和严格执法力度，保障山东半岛蓝色经济区等沿海经济区海洋生态文化建设。

③资金筹措保障。通过确立公共财政投入为主、拓展其他投融资渠

---

① 刘勇、刘秀香：《对我国海洋生态文化建设问题的思考》，《福建江夏学院学报》2013 年第 4 期。

② 本报评论员：《做好经略海洋这篇大文章》，《大众日报》2018 年 3 月 11 日第 1 版。

③ 刘勇、刘秀香：《对我国海洋生态文化建设问题的思考》，《福建江夏学院学报》2013 年第 4 期。

④ 同上。

道、制定资金投入优惠政策，以及建立健全资金安全运行和绩效评价机制等途径得以实现。

④科技支撑保障。通过加强海洋领域基础理论研究、建立开放协同高效的海洋科技创新体系、创新海洋领域的重大科技创新工程和关键技术，以及不断建立完善创新科技支撑体制机制等措施和办法实现我国沿海经济区海洋生态文化建设的科技支撑保障。

⑤长效运行保障。充分发挥政府调控作用，建立海洋生态文化建设的政策、投资和引导机制；实现市场在资源配置中的决定性作用，逐步形成有利于海洋生态环境保护的市场运作机制；加快海洋生态文化各类人才队伍建设，提高海洋生态文化建设研究和管理的常态化、规范化、制度化、信息化，以及海洋生态环境治理的现代化。实现山东半岛蓝色经济区等沿海经济区海洋生态文化建设的长效运行保障。

4. 海洋生态文化建设的有利条件和制约因素。

(1) 海洋生态文化建设的有利条件。

①党和政府对海洋生态环境保护的高度关注和重视。主要体现在党的十八大以来，党和政府对海洋生态环境保护的政策日益成熟；党和政府对海洋生态环境保护的制度逐渐完备；党和政府对海洋生态环境保护的法律法规更加严格；党和政府对海洋生态环境保护的规划日趋科学。习近平总书记在参加全国两会山东代表团审议时，曾经深刻阐述经略海洋的重大战略意义，要求山东充分发挥自身优势，努力在发展海洋经济上走在前列，[①] 为建设海洋强国做出山东贡献。这充分显示了党中央对当前高质量发展海洋事业的高度重视，这就为我国建设和发展海洋生态文化提供了前所未有的重大机遇，创造了极为有利的先机。机不可失、失不再来，我们一定要紧紧抓住机遇，充分利用良机，积极建设和发展海洋生态文化，努力走向海洋生态文化引领海洋生态环境保护和海洋生态文明建设的新时代。

②关心海洋、认识海洋、经略海洋，推动海洋强国建设。关心海洋，

---

① 本报评论员：《肩负起海洋强国战略的使命担当》，《青岛日报》2018 年 6 月 20 日第 1 版。

实现海洋经济发展方式转变的认同；认识海洋，亟须加强海洋生态环境保护的认同；经略海洋，推动海洋经济社会高质量发展的认同。党的十九大提出："我国经济已由高速增长阶段转向高质量发展阶段，正处在转变发展方式、优化经济结构、转换增长动力的攻关期，建设现代化经济体系是跨越关口的迫切要求和我国发展的战略目标。"① 而要实现海洋经济转型升级和高质量发展，就必须用新的价值观、伦理观、生产生活方式，以及思维方式，加快海洋经济高质量发展，这就为我国海洋生态文化建设发展提供了前提保证和有利条件。

③国内外专家学者对海洋生态文化建设发展研究的日益关注。进入新世纪以来，特别是近几年，国外专家学者提出应减少人为因素的干扰、治理全球海洋气候、控制噪声污染、保护珍贵的海洋生态环境及生物多样性、创新发展途径并与海洋建立共发共生关系，以及从人文和生态两个方面考量等加强海洋生态文化建设；特别是以欧美为代表的发达国家陆续出台一些海洋开发新战略，以推动蓝色海洋向纵深发展等；国内专家学者对于海洋生态文化的研究大多集中于海洋生态文化的概念、内涵、实质、特征、发展历程、结构体系和构建相应的评价分析方法等；通过规范公民的海洋行为，政府、社会和公众参与，海洋文化产业比例提升，海洋生态修复与补偿，完善海洋生态文化立法执法等途径，加强我国海洋生态文化建设。以上理论观点和研究成果为我们研究海洋生态文化及其保障体系建设提供了重要启示和理论支持，奠定了基础，创造了条件。

（2）海洋生态文化建设的制约因素。

我国建设发展海洋生态文化面临的主要制约因素包括：亟须建立健全海洋生态文化建设的制度体系，海洋生态文化建设的理论研究氛围还不够浓厚，海洋生态文化建设的社会公众参与意识有待提高。此外，我国沿海经济区社会公众海洋环保意识还不强、海洋生态文化建设的政策还需完善、海洋生态文化建设的互动运行机制还需协调等问题不同程度存在，也会制约和影响山东半岛蓝色经济区等沿海经济区海洋生态文化

① 习近平：《决胜全面建成小康社会 夺取新时代中国特色社会主义伟大胜利——在中国共产党第十九次全国代表大会上的报告》，《人民日报》2017 年 10 月 28 日第 1 版。

及其保障体系建设的进程。

5. 我国建设和发展海洋生态文化的战略对策。

借鉴国内外先进经验，以山东半岛蓝色经济区等沿海经济区建设为典型，进行探索，从战略目标、战略重点和战略措施等方面设计和构建山东半岛蓝色经济区等沿海经济区海洋生态文化及其保障体系建设的战略对策。

（1）山东半岛蓝色经济区等沿海经济区海洋生态文化及其保障体系建设的战略目标。一是海洋生态文化建设引领海洋生态文明发展；二是海洋生态文化引领海洋强省、海洋强国建设。

（2）山东半岛蓝色经济区等沿海经济区海洋生态文化及其保障体系建设的战略重点。主要体现在：引领海洋经济发展方式转变和加快海洋经济高质量发展；科学拓展发展空间，适度利用海洋资源，保护海洋生态环境；深化沿海开放和海洋经济国际合作，维护国家海洋战略安全。

（3）山东半岛蓝色经济区等沿海经济区海洋生态文化及其保障体系建设的战略措施。一是加强社会公众的海洋生态文化教育，强化全民海洋意识；二是推进海洋经济发展方式转变，科学适度利用海洋空间资源；三是构建蓝色经济区海洋生态文化建设评价指标体系；四是统筹国内国际两个大局，保证国家海洋战略安全。

（二）研究成果的基本观点

1. 海洋生态文化是生态文化自身发展的必然结果，也是海洋生态文明建设发展的基础与灵魂。因此，它是对生态文化的继承和发展，引领海洋生态文明建设的方向，直接影响我国海洋事业高质量发展的进程。

2. 海洋生态文化建设是以生态学为科学依据，以人海共生、人海共融、人海一体、人海和谐为核心而展开的生态文化实践活动；也是高质量发展海洋绿色经济、低碳经济和循环经济，建设资源节约型、环境友好型社会的基础。因而，它是人类文化和海洋经济可持续发展的战略选择。

3. 创新海洋生态文化理论，既要揭示海洋生态文化的科学含义和内在要求，又要构建符合其自身发展规律的结构体系、建设目标、运行机制和保障体系。特别是要在制定宣传引导、法治规范、资金投入、科技支撑、长效运行等政策方面对海洋生态文化建设给予支持。

4. 我国海洋生态文化建设的战略设计，要树立科学的海洋生态文化的价值观、伦理观和方法论，准确把握其立足点、切入点和制高点，确立战略目标、战略重点和战略措施等我国沿海经济区海洋生态文化建设发展的战略对策。

5. 山东半岛蓝色经济区在海洋生态文化建设中做出了显著成绩，创造了宝贵经验，具有典型的代表性。所以，我们选择山东半岛蓝色经济区为案例进行研究。

四 成果研究的思路方法与创新之处

（一）研究的思路和方法

根据研究内容，以山东半岛蓝色经济区为例，从解析生态文化思想及其发展脉络，论述海洋生态文化出现的现实背景和发展逻辑，尝试建立初步海洋生态文化建设的理论体系，分析我国建设发展海洋生态文化的有利条件和制约因素，提出我国建设和发展海洋生态文化的战略对策五个方面逐步展开对该课题的研究。主要运用以下四种研究方法：

1. 文献研究法。收集、整理和归类相关文献并进行研究，汲取世界各类文明、文化成果的精华，以新时代中国特色社会主义文化理论为指导，进行理论探讨，构建海洋生态文化建设的理论体系。

2. 逻辑与历史相结合的方法。通过该方法，厘清海洋生态文化这一全新概念的历史演进过程，明晰海洋生态文化出现的现实背景、发展必然逻辑和重大理论价值及现实意义。

3. 比较分析法。通过比较分析国内外发展海洋生态文化的理论与实践，帮助我们找准我国发展海洋生态文化的有利条件和制约因素，扬长避短，加快海洋生态文化建设。

4. 综合研究与案例研究、分析现状和预测未来相结合。在综合研究的基础上，加强山东半岛蓝色经济区海洋生态文化建设实践的典型案例研究，及时总结经验教训，使其得以升华，提出并论证我国沿海经济区建设发展海洋生态文化的战略对策。

（二）研究成果的创新之处

1. 通过对有关海洋文化、生态文化和海洋生态文明成果的系统梳理，以及对“海洋生态文化建设”已有成果和观点的进一步研究，以习近平新时代中国特色社会主义思想为指导，从海洋生态文化的含义及特征、基本要求、结构体系、建设目标、运行保障体系五个方面初步建构海洋生态文化建设的理论框架体系。

2. 系统阐述了海洋生态文化出现的现实背景、重大意义和发展逻辑等问题，揭示了海洋生态文化这一新概念产生的客观必然性，以及海洋生态文化建设的极端重要性。

3. 在建构海洋生态文化建设的理论框架体系中，以及深刻分析我国海洋生态文化建设有利条件和制约因素的基础上，提出了我国建设发展海洋生态文化的战略对策思想，更好地为我国的“海洋生态文化建设”实践服务，为海洋强省和海洋强国目标实现提供理论支撑、智力支持、资政服务和依据参考。

第一部分　解析生态文化思想及其发展脉络

全面解析和阐述生态文化经历了中国古代朴素的生态文化、近代西方以“人类中心主义”生态观为核心的生态文化、科学的生态文化三个阶段的逐步演进过程和历史发展脉络。在每个发展阶段都有着各自丰富的思想内涵、主要内容和重要意义。因此，揭示生态文化在不同历史阶段对人类生态环境保护和生态文明持续发展产生的较为长期而深刻的影响，对于加深对生态文化建设发展规律的认识，自觉尊重、保护和发展科学的生态文化有极其重要的意义。

第一章

中国古代朴素的生态文化

中国古代朴素的生态文化保护了生态环境，使中华民族成为一个有着5000多年文明历史的伟大民族。中华文明成为人类四大文明中唯一延续至今的民族，虽多次遭受外族入侵不仅没有让中华文明灭亡，而且递生代长，根本的原因在于中华文化的力量，中华民族创造的中华文化具有强大的生命力，是中华文明得以代代延续发展的内在动力。中华文化体系的核心思想就是儒家经学，它确保了中华文化体系拥有强大的凝聚力，致使西半球的罗马帝国灭亡后，古代中国作为世界头号富强大国，“独领风骚”达十五个世纪之久。以儒家经学为主体的中华文化体系重要组成部分之一就是中国古代朴素的生态文化思想，中国等东方国家受到这种生态文化思想较为长期而深刻的影响。

第一节　生态文化的思想内涵及主要内容

生态文化概念源于意大利学者A. 佩切伊，余谋昌先生于1986年从意大利的《新生态学》杂志把“生态文化”这一术语引入我国。[①] 自20世纪90年代以来，我国学界开始对“生态文化”进行专门研究，因为生态环境问题日益成为全社会高度关注的重大问题。[②] 可见，生态文化是一

① 李忠友：《生态文化及当代价值研究》，博士学位论文，吉林大学，2016年。

② 廖国强、关磊：《文化·生态文化·民族生态文化》，《云南民族大学学报》（哲学社会科学版）2011年第4期。

种新的价值观念、伦理观念、活动方式、精神状态及思维方式等，[1] 它力图对出现的严重生态环境问题加以化解所作出的新的文化选择，从而缓解协调解决人与自然的冲突和矛盾。

一 生态文化的思想内涵

（一）“生态”与“文化”的含义

理解生态文化的思想内涵就要求我们首先明确“生态”与“文化”的各自含义。生态，“指生物之间以及生物与环境之间的相互关系与存在状态，亦即自然生态环境。”[2]“广义来讲，文化也就是‘人化’，是指人类在社会历史发展过程中所创造的一切物质财富和精神财富的总和。狭义来讲，文化就是特指人类在社会历史发展过程中创造的精神财富，包括文学、艺术、教育、科学、宗教等等。”[3]因此，广义的文化概念简言之即人类创造的所有财富总和，狭义的文化则特指在社会经济基础之上的意识形态，专注于精神层面的思维活动及其结果。

（二）生态文化的思想内涵

学术界和理论界则对于“生态文化”这一概念内涵的认识和理解并不统一，甚至差异较大。一种是以余谋昌为主要代表的观点，他认为，生态文化分为狭义和广义两种。狭义上讲，生态文化就是以自然价值论为引领的一定社会的观念上层建筑（政治法律思想、道德、艺术、宗教、哲学等思想观点）和政治上层建筑（国家政治制度、立法司法制度和行政制度等）；广义上讲，生态文化就是以自然价值论为引领的人类新的社会实践方式，即人与自然和谐发展的生产方式、生活方式、精神状态和思维方式等。[4]。另一种是以江泽慧为主要代表的观点，她认为，广义的生态文化是指人类在漫长的社会历史长河实践中的与自然相关的所有物质和精神成果。而狭义的生态文化是指人与自然共生共融、协同发展思

---

① 刘勇、刘秀香：《对我国海洋生态文化建设问题的思考》，《福建江夏学院学报》2013年第4期。

② 余谋昌：《生态文化论》，河北教育出版社2001年版，第326—328页。

③ 陈淑丽：《社会文化环境对人才成长的影响探析》，《理论研究》2010年第6期。

④ 余谋昌：《生态文化是一种新文化》，《长白学刊》2005年第1期。

维方式价值导向和实践方式等。[1] 可见，以江泽慧为代表的主要观点就是把生态文化放在人类在漫长的社会历史长河实践中，并以此推动各个不同社会形态人类文明的演进，并将生态主义看成是不同社会形态社会意识中上层建筑的重要组成部分。

综观以上两种代表性的观点，我们认为，生态文化就是人类从古至今在其所处时代的生产力条件背景下认识、探索自然界万物相互之间关系与存在状态的思想观念的体现。它是一种新的价值观念、伦理观念、活动方式、精神状态及思维方式等。人类在社会历史发展进程和生产生活的伟大实践活动中认识到，从出生直到死亡，人类都必然会与自然界发生交集，而只有处理好人与自然共生、人与自然共融、人与自然一体、人与自然和谐这种相互关系，自觉尊重自然、顺应自然、保护自然，我们才能长期在蓝天白云绿地美丽的地球上和谐地生存和高质量发展。这从另一个角度又阐释了生态文化就是这种寻求和谐生存环境状态的初步发展与完善，并从大自然整体出发把经济文化和生态伦理相结合的产物。

二　生态文化的主要内容

从以上两种主要观点看，生态文化体现的本质就是一种引导人们正确处理人与自然关系的文化形式，它是生态文明建设发展的基础和前提。其主要内容有两点：一是关于人类对人和自然关系的生态认识，即关于人与自然是相互独立的个体还是有机统一的整体，是互不干扰的个体还是彼此影响的统一体的直观态度。二是关于人类在社会历史发展进程中和生产生活的伟大实践活动中，如何正确处理好人们与自然之间的利益追求、生态环境、共生共融关系问题，是只顾个人、少数人和单位眼前利益滥用或掠夺性使用资源，还是坚持绿色低碳循环发展、高质量发展和可持续发展；如何看待人与自然是生命共同体，以及科学处理生态系统与人类社会之间的整体和谐关系；如何自觉遵循自然规律，有效防止

---

① 江泽慧：《大力弘扬生态文化携手共建生态文明——在全国政协十一届二次会议上的发言》，《中国城市林业》2009 年第 2 期。

在开发利用自然世界上走弯路、受伤害等。

纵观生态文化的发展历程，大致从中国古代朴素思想到近代西方极端论点再到现代的科学生态文化经历了三个阶段，这些生态文化理论在不同时代传递着共同的人与自然和谐发展的终极理念，除却近代西方“人类中心主义”生态自然观在一段时间内陷入了极端主义的错误泥潭，中国古代朴素生态文化与现代科学生态文化都正确指引着人们的生活实践，生态保护主义的观念在人们的现实生活中也日渐增多，而其中主张运用科学的态度，生态的眼光认识和考察生态现象并建立科学的生态思维观，继而由认识和实践形成社会经济文化和生态伦理相结合的科学生态文化理论的就是科学的生态文化。

第二节　中国古代朴素生态文化的思想内涵

中国优秀传统文化思想深邃、内涵丰富、博大精深，在对待生态自然方面的文化更是精辟有道。以儒道两家为主流的诸子百家包括禅宗佛教基本态度一致，他们普遍认为人是自然界有机组成的一部分，对待自然应采取尊重、顺从和友善的态度，以求人与自然的和谐共生、共同发展，而在肯定万物同类“天人之际，合而为一”[①]（《董仲舒·春秋繁露》）的同时，又主张人乃万物之灵可以“制天命而用之”[②]（《荀子·天论》），从而以此为前提，思想家们又进一步提出了科学利用自然资源以真正做到保护自然永续发展的思想，这些思想无不蕴含着丰富宝贵的中国古代朴素的生态文化。

一　中国古代朴素生态文化之诸子百家生态思想

（一）儒家——“天人合一”、和谐相处发展和统一的自然观

我国儒家思想中蕴含的古代朴素生态文化在诸子百家中尤为突出，“天人合一”的整体主义自然观更是儒家生态文化的代表，“天人合一”

① 张岂之：《从天人之学看中华文化特色》，《人民日报》2017年4月5日第7版。
② 孙红颖解译：《荀子全鉴》，中国纺织出版社2016年版，第163页。

即万物与我为一，它破除主客二体之别，主张人与自然的本质上的归一。具体而言，孔子“畏天命”的思想，即敬畏上天敬畏自然提倡宇宙是统一不可分割的整体，所以强调人应顺从自然规律，再由和谐继生出“乐山乐水”的人生乐趣。如果说孔子的“天人合一”思想里人对天保留的是一种凭空而来的敬畏之心，那么孟子学说里大自然则因被视为人类真真切切维持生存与发展的乳娘，人类不得不遵循“不违农时、斧斤以时入山林”[①]（《孟子·梁惠王上》）的生态循环的保护思想，孟子这种遵循季节时令特点种植农作物的生态思想在某种程度上把“天人合一”的价值意义提升到又一个重要的高度。在前人思想基础之上荀子又有所借鉴启发并深刻认识到“天行有常，不为尧存，不为桀亡；应之以治则吉，应之以乱则凶”[②]（《荀子·天论》）的道理，只有顺应自然规律的社会改造才有利于人类整个发展。

总而言之，我国儒家生态思想中心的“天人合一”学说其实质是主张天、地、人三者的和谐统一，既尊重自然环境又推崇人类学会利用自然为自己造福，从而使人与自然得以和谐相处和发展。在相当大程度上，以儒家“天人合一”为代表的这种古代朴素生态主义思想对后世有着积极的理论与实践意义。

（二）道家——“道法自然”以达“天地之大美”的生态观

1.“道法自然”——遵守自然规律的认识观

老子、庄子是道家生态思想当之无愧的代表。老子云：“道生一，一生二，二生三，三生万物”[③]（《老子·道德经》），世间万物从“道”中产生，万物生存的基础也即此，体现了老子对自然界的生长构成以及人与自然相辅相成的依存关系的生态认识。“人法地，地法天，天法道，道法自然”[④]（《老子·道德经》），老子还认为天、地、人、道都是按其本身不可改变的规律存在的，世间万物有其约束，往往不是随心所欲放任

---

① 王虹、叶逊、邓运高：《生态工业园区思想演进脉络探析》，《技术经济与管理研究》2005 年第 4 期。

② 孙红颖解译：《荀子全鉴》，中国纺织出版社 2016 年版，第 160 页。

③ 徐澍、刘浩注释：《道德经》，安徽人民出版社 1990 年版，第 119 页。

④ 同上书，第 71—72 页。

混乱的，自然的产生与发展存在着特有的秩序，因此在其中活动的人类同样应当遵循其一定的规律和法则，而这显然对生态道德层面上的可持续健康发展有着重要且积极的指导意义。

2. "天地之大美"——热爱自然的生态审美观

"天地与我并生，而万物与我为一"[①]（《庄子·齐物论》）的生态和谐思想以及"以道观之，物无贵贱"[②]（《庄子·秋水》）的平等精神在庄子那里都是重要的哲学命题。庄子反对自然界高低贵贱之分、反对人类把自己看作自然界的中心的骄傲自大的心理，在他眼里万物皆平等，人类也是自然界中的一部分理所应当的应充分尊重自然界其他的生命体。庄子还认为人们只有投身于大自然的广阔怀抱与大自然融为一体，才能真正感受到"天地有大美而不言，四时有明法而不议，万物有成理而不说"[③]（《庄子·知北游》），才能真正体会到所谓的真善美，进而真正学会热爱自然、尊重自然，与自然共生共荣、和谐相处。从这些观点论述我们完全能看出庄子思想里蕴含着丰富大量的且在他所处的时代甚至是在现在来说也不可否认的科学合理的朴素的生态文化思想。毫无疑问，庄子热爱自然的生态审美观深深影响着一代代人的社会实践。

（三）法家——"人与天调"[④] 的社会可持续发展生态价值观

《管子》认为，自然界的所有事物之间都有着千丝万缕割舍不掉的联系。[⑤] 在对自然规律的认识上管子指出"天地"也即自然有其特有的运行规律——"天不变其常，地不易其则，春秋冬夏不更其节，古今一也"[⑥]（《管子·形势》），就如一年四季春夏秋冬自古以来就是这样更替不变，人们在做事的时候就必然要以自然规律为基准。基于这样的认识，《管

---

① 时金科：《道解庄子》，中央编译出版社 2015 年版，第 42 页。

② 同上书，第 285 页。

③ 同上书，第 379 页。

④ 王辉：《"人与天调"——〈管子〉生态伦理思想及其现代意蕴》，《天府新论》2010 年第 2 期。

⑤ 王曙光：《〈管子〉——"人与天调"的生态观》，《管子学刊》2006 年第 3 期。

⑥ 隋建华、吕海霞：《谈〈管子〉人性论特色》，《齐鲁师范学院学报》2013 年第 5 期。

子》又深刻提出了“其功顺天者天助之，其功逆天者天违之”[1]（《管子·形势》），意在突出人类的独立性和能动性，强调人类主动与自然界和谐相处。这就更加明确了“人”“天”的关系处理，以求社会的可持续发展。现实证明，在社会生活中人们为了生存会去开发使用自然资源，但自然资源并不是取之不尽用之不竭的，如果人们一味索取、过度开发必然会对生态造成破坏，所以树立可持续发展的自然生态价值观十分重要。而这一思想早在管子时期便得到了萌芽，例如《管子》的许多篇章阐明，人们从事农活就必须与风霜雨雪、自然规律、四时节令相适应，[2] 这样农业才能取得丰收，次年也才能继续生产。当然，人适应自然与自然协调又非完全被动，管仲特别重视总结农时跟四季和二十四节气的关系，以使人们能够充分掌握并利用天时地利，变被动为主动。[3]

二　中国古代朴素生态文化之中国佛教生态思想

（一）“尸毗贸鸽、众生平等”[4] 世界一切生命体的平等博爱观

中国佛教文化中的生态文化思想是中国古代朴素生态文化里独特的一部分。佛教由因果轮回之说来试图破除人类中心主义的狂妄自大，推崇众生平等、博爱万物的观念。佛教文化向来以慈悲为怀，认为人类和其他一切有生命的植物和动物一样无高低贵贱且无比宝贵，人类尽管可以因为其思维能力的突出高超而成为自然体生命界有优势、有独特意志的主体，但是却并不能因此而伤害其他生物，单由出家人不食荤腥不杀生便可见一斑。世界上所有的存在物都有真性情的，在本性上它们平等且相伴相生并在某种程度上更与人有恩，所以，尸毗王为了鸽子去割肉，小王子为了救幼虎而不顾自己的性命是值得我们提倡的。平等地对待和我们同处一个地球的其他一切生命体、与它们友爱相处便是佛教生态文化里最基本的内容。

---

① 米靖：《论〈管子〉中黄老道家“德刑相辅”的教育思想》，《管子学刊》2001 年第 3 期。

② 王曙光：《〈管子〉——“人与天调”的生态观》，《管子学刊》2006 年第 3 期。

③ 同上。

④ 林伟：《佛教“众生”概念及其生态伦理意义》，《学术研究》2007 年第 12 期。

（二）“万物一体、依正不二”[①] 人与自然关系难分的整体观

在众生平等思想基础上，佛教还提出了万物“依正不二”[②]（《华严经》）的方法和准则，“一体不二”[③]（《华严经》）指的是各自然事物个体与整个生态环境作为同一整体难以分割，人与自然的关系在佛教看来如同水草与水塘互不能离，一切生命都不能脱离自然界而存在。同时，佛教还用“芥子容须弥，毛孔收刹海”[④]（《佛经》）的比喻，来生动传达其生态思想里个体与整体的互相交融合一、互相包含，芥子、毛孔虽然看上去特别渺小，但就好比“宰相肚里能撑船”，尽管渺小却蕴含了美丽大海之宽广。

总之，我国佛教思想里蕴含着丰富的古代朴素生态文化，它要求人类的贪念、欲望得以纯洁简单和有效控制，以维护生态平衡净化心灵，对促进人与自然的和谐发展，对我们心怀善念、热爱自然、珍爱生命有着非凡的意义与作用。

第三节 中国古代朴素生态文化的历史发展脉络

我国优秀传统文化中包含着内容丰富和十分宝贵的古代朴素生态文化思想，而中国古代朴素的生态文化在悠久的历史发展长河中经历了开始萌芽阶段、初步形成阶段、成长发展阶段和逐步衰落阶段。在四个不同阶段中均包含不断发展的丰富内涵和思想，这为我们厘清中国古代朴素生态文化的线索脉络、更好地促进生态文明持续发展将起着十分重要的作用。

一 从图腾崇拜到广义生命论[⑤]——古代朴素生态文化的开始萌芽阶段

中国古代朴素生态文化是华夏民族祖先在悠久的历史发展长河中，

---

① 林伟：《佛教“众生”概念及其生态伦理意义》，《学术研究》2007 年第 12 期。

② 同上。

③ 同上。

④ 陈璐：《试析生态文化的内涵及创建》，《广西社会科学》2011 年第 4 期。

⑤ 於贤德：《中国古代生态文化的思想源流》，《嘉兴高等专科学校学报》2000 年第 1 期。

不自觉地慢慢意识到人与自然相互关系的集中表现。可以说人类自诞生以来所直接面对的最基本的问题就是人与自然的关系。祖先们（包括少数民族的形成）无论是对动物图腾崇拜，还是对自然环境现象图腾崇拜的最终结果，就是他们都认为为了能够生存下去，既要对自然界顺从、依附，保持一致和谐，又要与自然界进行斗争和保护，人和自然是浑然一体的。这种华夏民族祖先最早的生态思想和实践的精华已经融入了博大精深的中华文化，使之成为一种难以改变的传统观念传承至今，并为后人所遵从。可见，中华民族以自己的勤劳勇敢、聪明智慧和尊重生命、敬畏自然的生态思想观念来处理人与自然的关系，中国古代朴素生态文化开始萌芽。

二　从“互渗思维”到朴素系统思维①——古代朴素生态文化的初步形成阶段

随着社会生产力的不断发展和提高，中华民族的思维方式和方法也随之自觉或不自觉的发生变化。但我国先人有着不同于西方等其他民族思维方式和方法的转变，这就是从“互渗思维”到朴素系统思维。很明显，它是系统逻辑思维与非系统逻辑思维相互影响并融合的一种思维方式和方法，它是中国人把思维方式向前推进并且符合中华民族特点的、发展为具有朴素系统性特点的一种思维方式和方法。正是由于这一思维方式和方法的转变，让先人在“征服”和“改造”自然、获取生活资料、能够想法生存下来的生产实践过程中，开始变得理性，既十分注意处理人与其他生物、人与自然之间的关系，又特别注意考虑必须要尊重、顺应、保护生物和自然，让人与生物和自然相互依存、相互依赖、相依为命，真正实现自然界生态整体平衡。因此，从“互渗思维”到朴素系统思维这种独特的思维方式方法的转变，成为中国古代朴素生态文化逐步形成的重要原因和思想方法基础。

---

① 於贤德：《中国古代生态文化的思想源流》，《嘉兴高等专科学校学报》2000年第1期。

三 从生存伦理到生态农业[①]——古代朴素生态文化的成长发展阶段

农耕文明的发展促使了中国古代朴素生态文化的成长发展和不断壮大。儒家“天人合一”、和谐相处发展和统一的自然观、道家“道法自然”以达“天地之大美”的生态观、法家“人与天调”的社会可持续发展生态价值观，以及中国佛教中蕴含的“尸毗贷鸽、众生平等”世界一切生命体的平等博爱观、“万物一体、依正不二”人与自然关系难分的整体观等重要的古代朴素生态文化思想的出现，正是这一阶段我国古代朴素生态文化的成长发展和不断壮大的集中体现。以上朴素生态文化指导着我国古代生态农业、手工业和商业发展的实践，同时，需要人们始终坚持古代朴素生态文化的丰富思想，在开发利用自然资源时，要十分注意顺从大自然、热爱大自然、呵护大自然。另外，也要在正确处理人与其他生物、人与自然之间关系的前提下，发挥人的主观能动性、积极性、主动性和创造性，为我国古代朴素生态文化开辟更大的成长发展空间，让我国古代朴素生态文化思想在中国优秀传统文化中大放异彩。

四 从初步的成功到大自然的报复[②]——古代朴素生态文化的逐步衰落阶段

古代朴素的生态文化对于推动我国五千年中华文明史发展起着十分独特的作用，它让伟大的中华民族领跑世界1500多年，让中国成为四大文明古国之一。在中国优秀传统文化和厚重的古代文化体系中，古代朴素生态文化闪耀着灿烂的光辉。正是因为中国古代朴素的生态文化这一积极意义思想成果的影响，在中华文化发展史上虽多次遭受外族入侵，不仅没有使其灭亡，而且递生代长、生生不息。然而，由于中国古代朴素生态文化思想的局限性和主观上的未能与时俱进，再加上中国古代宗法制度对人口数量的极端重视等客观原因的存在，致使其带来了一系列生态失衡等自然对人类的无情惩罚，逐步走向衰落。

---

① 於贤德：《中国古代生态文化的思想源流》，《嘉兴高等专科学校学报》2000年第1期。

② 同上。

第四节　对中国古代朴素的生态文化重要性的认识

历史悠久、源远流长的中国古代朴素生态文化，是在勤劳勇敢、聪明智慧、不屈不挠的中华民族和人民辛勤劳动、热爱生活的伟大实践中逐步认识和形成的。可见，中国古代朴素的生态文化来自实践，同时，又指导着5000多年文明古国生生不息、不断发展，领跑整个世界1500多年，成为世界上延续文明最长的古国。

一　“天人合一”和谐相处、发展和统一的自然观体现了认知和认识自然

“天人合一”和谐相处、发展和统一的古代朴素生态文化，是在生产力水平极端低下的情况下所产生的，也是“以直接的生存经验为基础，通过流变的自然节律和生物共同体的有机秩序的悟性体验，具体真切地把握了人类生存与自然界的有机联系，它把先于人类产生的天地万物不仅当成可利用的生活资源，更为重要的是一体相关的生命根源”①，因此，这种中国古代朴素的生态文化既要求人类要尊重自身，也要求人类认知自然、认识自然、尊重自然、热爱自然、开发自然、利用自然、顺应自然、保护自然，让人类和大自然和谐共生，成为一个不可分割的有机统一体。这是聪明智慧的中国人民在经历了对大自然恐惧→掠夺→修复的实践过程中才逐渐认识、总结和提炼出来的。这种人类对自然规律认知、尊重、顺应、利用和保护，真正体现了“天人合一”和谐共生的古代朴素生态文化思想，要求人类一定以人口、资源、环境等自然要素与经济社会协调发展为目的，既要关心眼前利益，更要着眼于未来的经济社会发展。② 无论对中国乃至世界古代人类社会发展，还是对当代全球可持续发展均具有重要的生态文化指导作用。

---

① 杜艳婷：《中国古代生态思想与当代环境伦理观的构建》，硕士学位论文，青海师范大学，2011年。

② 李忠友：《生态文化及当代价值研究》，博士学位论文，吉林大学，2016年。

二 “道法自然”以达“天地之大美”的生态观彰显了尊重和热爱自然

大自然是一个客观存在的、不以人们意志为转移的、具有独立发展规律的有机整体，道家提出的“道法自然”生态思想，就是要求人们自觉尊重自然规律、遵循自然规律，主动与自然界保持和谐关系。“天地万物之间的和谐是自然界本身的常态，它是由道循环运动所形成的，人们应该顺应这种循环的法则，维护自然界的这种和谐秩序。”[①] 而“天地之大美”的生态伦理思想则体现了“天地与我并生，而万物与我为一”[②]（《庄子·齐物论》）的生态和谐思想以及“以道观之，物无贵贱”[③]（《庄子·秋水》）的平等精神，这就要求人们热爱大自然，呵护和爱护大自然。可见，道家推崇尊重自然、热爱自然，并要求人与自然平等共处等生态观，长久以来对生态文化的发展产生了较为深远的影响，丰富了我国古代生态文化的思想和理论。这对于坚持和发展生态文化、建设生态文明具有很重要的启示借鉴和决策参考作用。

三 “人与天调”的社会可持续发展生态价值观要求要合理开发利用自然

法家所倡导的“人与天调”的社会可持续发展生态价值观是对宗教神灵的拒斥、批判与超越，这一生态价值观认为，“天地自然具有不依赖人的内在价值，人在生产活动中要尊重、维护自然的内在价值，在充分发挥人的积极性、能动性、主体性的同时，也要自觉遵循天地自然的客观规律性，进而建立一种人与天地自然相和相养、互利共生的新型和谐伦理关系，推动人与天地自然的协同发展。”[④] 这也是社会可持续发展生态价值观的根本要求，对人类开发利用自然必须自觉遵循其内在规律提

---

① 杜艳婷：《中国古代生态思想与当代环境伦理观的构建》，硕士学位论文，青海师范大学，2011年。

② 时金科：《道解庄子》，中央编译出版社2015年版，第42页。

③ 同上书，第285页。

④ 王辉：《“人与天调”——〈管子〉生态伦理思想及其现代意蕴》，《天府新论》2010年第2期。

出的这一明确要求，对后世“改造”和“征服”自然，获取生活资料，让人类社会朝着可持续发展方向发展具有深远的历史意义和现实意义。

四　中国佛教蕴含的古代朴素生态文化要求平等善待一切生命和自然整体

对中国佛教文化“如果剔去其中附加的宗教的神秘内容，佛学理论中阐发的佛教生命观，包含了丰富和深刻的生命伦理，有着独特的生态观，蕴含着丰富的伦理思想”中国佛教文化和佛学理论中张扬的佛教生命观，蕴含着丰富而深刻的生命道德伦理，体现着其独特的生态观，包含着丰富的道德伦理思想和生存思想。[①] 特别是其生态思想中的“尸毗贷鸽、众生平等”世界一切生命体的平等博爱观、“万物一体、依正不二”人与自然关系难分的整体观等重要的古代生态文化，应该是朴素的、合理的、可吸收的、可利用的。在佛家看来，“一切众生，悉有佛性”“以佛性等故，视众生无有差别”“一切众生悉有佛性，如来常住无有变易”[②] 等，这就要求人们平等善待一切生命、尊重自然生命价值的同时，还要正确对待生命体与环境间关系的“万物一体、依正不二”。只有这样，才能实现人们与自然的本然和谐，才能将自然视为诸多生命及自然环境有机联系的统一整体，也才能让人们既避免跌入唯我独尊的人类中心主义的泥潭，又真正认识、理解和实现自我的价值和意义。从而，使得中国古代朴素的生态文化沿着人与自然共同进化、协同发展的方向继续前进。

① 李忠友：《生态文化及当代价值研究》，博士学位论文，吉林大学，2016 年。

② 黄承梁、余谋昌：《生态文明：人类社会全面转型》，中共中央党校出版社 2010 年版，第 154 页。

第二章

近代西方以“人类中心主义”生态观为核心的生态文化

到了近代，中国古代朴素的生态文化开始被西方以“人类中心主义”生态观为核心的生态文化超越。相反，西方却由于细胞学说、能量守恒与转化定律和生物进化论自然科学领域的重大发现而引起的科技革命，以及从英国的产生革命，极大地促进了西方国家科技迅猛发展，社会生产力水平加速提高，人类对自然资源的开发利用能力显著增强。先进的科学技术迅速转化为生产力的欲望要求愈加强烈，征服自然、改变社会已经成为当时西方国家的主流意识、思想、实践和发展大势。这样，西方近代出现以“人类中心主义”生态观为核心的生态文化提供了重要基础和前提。

第一节　以“人类中心主义”生态观[①]为核心的生态文化

一　以“人类中心主义”生态观为核心的生态文化的含义

所谓以“人类中心主义”生态观为核心的生态文化，是指西方近代以来所形成的一种征服自然、改变社会的主流意识、思想、实践和发展大势，它是当时西方国家在认识和处理人与自然关系问题上的普遍认同和思潮。文艺复兴人文主义精神的深远影响，以及科技革命和工业革命

① 邓玉兰：《论人类中心主义生态伦理观》，硕士学位论文，西南大学，2010 年。

的出现，致使近代西方国家人们过分渲染了人的主观能动性和积极性、主动性、创造性，认为人类完全可以根据自己的需求和要求征服自然、改变社会，让这个社会变得更能适应社会生产力的飞速发展，让人们的生活方式更新潮、更美好。对新生事物的自觉容纳、接受和追求个人美好生活的贪得无厌，让人们狂热并失去了理智，致使人类对人与自然、社会的关系处理和把握主要从人为主体来考虑和重视，这就必然会形成以“人类中心主义”生态观为核心的生态文化。

总之，这种主流生态文化引领西方国家发展长达近一个世纪之久，对近代以来人们的社会实践产生了两个方面的作用：一方面它改变了人类从属于和依附于自然的消极被动地位，创造了无比巨大的物质财富和精神财富，创造了耀眼夺目的工业文明；另一方面又客观上造成了近代以来出现的世界性大气环境污染和全面生态危机。这就需要我们辩证全面发展地理解和把握以“人类中心主义”生态观为核心的生态文化，特别是这种文化引领西方人类社会经济发展所造成的客观负面结果，需要我们认真总结、深刻反思，正确处理人与自然的关系，真正做到认识和利用自然时一定要尊重客观自然规律，否则，将会受到自然界的报复和惩罚。我们不要过分陶醉于对自然界的胜利。对于每一次这样的胜利，自然界都报复了我们。[①]

二　以“人类中心主义”生态观为核心的生态文化的内容

《哲学大辞典》对人类中心主义的含义是这样表述的：人是宇宙的中心，也是宇宙万物的目的，要按照人类的价值取向来评判宇宙间的万物。[②] 宇宙万物应该以人为中心并以人的利益得失作为衡量万物的标准。[③] 这就是人类中心主义的基本内容。可见，以“人类中心主义”生态观为核心的生态文化的内容，主要体现在把人类当作大自然主宰者，大自然则成为人的依附者，人与自然的关系自然而然就成为主仆关系、主宰与

① 《马克思恩格斯全集》（第26卷），人民出版社2014年版，第769—770页。

② 韩祥金：《人类中心主义的再反思》，《理论学刊》2005年第4期。

③ 刘寒春：《论人类中心主义的历史演进——兼谈对当前生态危机的看法》，《中共四川省委党校学报》2005年第2期。

依附的关系。

（一）人是宇宙的中心、人是宇宙中一切事物的目的[①]——主体论

西方近代以“人类中心主义”生态观为核心的生态文化内容的一个重要方面，就是人是宇宙的中心、人是宇宙中一切事物的目的这一主体论。它认为人既是宇宙世界（大自然）的中心实体即主体，又是宇宙世界（大自然）的目的和归宿。显然，在认识和把握人与自然之间的关系这一自古至今的重大命题上，发生了很大变化。一方面它把人看得至高无上、无所不能，特别强调人的主观能动性和积极性、主动性、创造性，把人由原来从属于自然和完全依附于自然转变成为自然界的主宰；另一方面它又将人看成是宇宙世界（大自然）中一切事物的目的，人的利益高于一切，宇宙世界（大自然）只不过是人获取自身利益的工具而已，任凭人类随意摆布和使用。总之，西方近代以“人类中心主义”生态观为核心的生态文化，其本质就是在对人与自然的关系问题上，特别强调人的主宰、中心和主体地位，并且付诸近代西方经济社会发展的实践；而把自然界放在了完全从属于和依附于人、成为被人任意征服的对象。

（二）按照人类的价值取向来评判宇宙间的万物[②]——价值观

以“人类中心主义”生态观为核心的生态文化，它按照人类的价值观解释或评价宇宙间的所有事物，所表现的价值观实质就是功利和利己主义。功利主义价值观关心自身利益的能否实现，以及能否实现利益最大化看作认识与实践的出发点和落脚点。这一价值观把人类当作大自然的主宰者，大自然则成为人的依附者，人与自然的关系是主仆关系，主宰与依附的关系。实现人的利益最大化既是出发点也是最终归宿。而利己主义价值观则是以自我为中心，把利己当作人的天性，把个人利益看成高于一切的生活态度、行为准则和道德评价的标准。这一价值观则认为，人是内在价值的唯一拥有者和利益高于一切；通过各种手段征服、改造自然理所应当；大自然只是人的依附者和服务工具。[③] 由此可见，西

① 韩祥金：《人类中心主义的再反思》，《理论学刊》2005 年第 4 期。

② 同上。

③ 钟妹贵、毛献峰：《近代人类中心主义的理论反思》，《沈阳大学学报》2009 年第 1 期。

方近代以“人类中心主义”生态观为核心的生态文化虽然看到了作为主体的人能够征服改造宇宙世界（大自然），但却忽视了人与宇宙世界（大自然）是一对相互对立统一的矛盾体，离开了宇宙世界（大自然），人类也同样无法存在，更谈不上对自然资源进行掠夺和控制。因此，从价值观的角度来看，这种生态文化还是有较大缺陷的。

第二节　以“人类中心主义”生态观为核心的生态文化发展脉络

西方近代以“人类中心主义”生态观为核心的生态文化出现和演变线索脉络，是“人类中心主义”思想文化发展史[①]的一个重要阶段，它是西方随着生产力发展水平不断提高的产物，也是西方人对人与自然的关系认识的产物，更是西方人把人与自然的关系看成主仆关系的一种伦理观和价值观。它经历了古希腊想象或抽象的“人类中心主义”思想、中世纪神学目的论的“人类中心主义”思想[②]两种思想文化发展形态，进而进入西方近代以“人类中心主义”生态观为核心的生态文化阶段。

一　古希腊想象或抽象的“人类中心主义”思想和价值观

自古希腊以来，“人类中心主义”思想就成为西方人类文明进程的支配价值观，这种思想和价值观不仅历史悠久、源远流长，而且成为与东方文化精髓完全不同的西方文化产生、发展和延续至今的内核。古希腊哲学家普罗泰戈拉曾提出“人是万物的尺度”[③]，亚里士多德也指出，一些动物也是为了人类而生存。[④] 可以看出：古希腊诸多哲学家将“人类中心主义”这个想象或抽象概念是在生物学意义上使用的，[⑤] 想象或抽象的

---

① 刘寒春：《论人类中心主义的历史演进——兼谈对当前生态危机的看法》，《中共四川省委党校学报》2005 年第 2 期。

② 钟妹贵、毛献峰：《近代人类中心主义的理论反思》，《沈阳大学学报》2009 年第 1 期。

③ 赵敦华：《西方哲学简史》，北京大学出版社 2001 年版，第 32 页。

④ 《亚里士多德选集》（第 9 卷），苗力田译，中国人民大学出版社 1994 年版，第 17 页。

⑤ 邓玉兰：《论人类中心主义生态伦理观》，硕士学位论文，西南大学，2010 年。

"人类中心主义"隐含了"人类中心主义"思想和价值观的萌芽。

二 中世纪神学拟人和超自然的"人类中心主义"思想

中世纪的神学巩固和加强了"人类中心主义"思想文化的重要及核心地位。[①] 这一时期西方科技发展落后、生产力水平低下，西方人对整个宇宙的认识有着极大的局限性，因此，"人类中心主义"的发展必然笼罩着神秘主义的面纱和色彩，而此时中世纪神学的产生和发展，特别是犹太教和基督教的出现和兴盛[②]成为不可避免。《圣经·创世记》宣扬：上帝最喜欢他所创造的人类，希望人类"生养众多，满遍地面"。[③] 此时，托勒密又提出了荒唐的"地心说理论"，认为地球是宇宙的中心，月球、水星、金星、太阳、火星、木星和土星[④]等都围绕地球这个中心运行，而人又是地球上的万物之主宰，所以人就是宇宙的中心。这样，中世纪神学进一步把没有科学根据和实践的"上帝创世说"与"地心说"勉强捏合在一起[⑤]，认为人类不仅从"本体"和"目的"的意义来讲，而且在空间和方位上均处于宇宙的中心，从而形成了中世纪神学拟人和超自然"人类中心主义"的思想，[⑥] 亦即人是宇宙的中心，因为上帝让人类代表它本身来统治宇宙上的万物，[⑦] 这就表明人类是万物的目的。正如蓝德曼所指出的"正像宗教世界观使上帝成为世界的主宰一样，它也使人类在上帝的特别关照下成为了地球的主人。宗教世界观并非只是神学中心论，它也是人类中心论。"[⑧]

---

① 邓玉兰：《论人类中心主义生态伦理观》，硕士学位论文，西南大学，2010 年。

② 同上。

③ 何怀宏：《生态伦理——精神资源与哲学基础》，河北大学出版社 2002 年版，第 339 页。

④ 邓玉兰：《论人类中心主义生态伦理观》，硕士学位论文，西南大学，2010 年。

⑤ 刘寒春：《论人类中心主义的历史演进——兼谈对当前生态危机的看法》，《中共四川省委党校学报》2005 年第 2 期。

⑥ 同上。

⑦ 范洪：《论无中心的人类中心主义生态理念》，硕士学位论文，重庆大学，2012 年。

⑧ 韩祥金：《人类中心主义的再反思》，《理论学刊》2005 年第 4 期。

三　近代以"人类中心主义"生态观为核心的生态文化

随着近代西方自然科学领域科技革命的出现、工业革命（产业革命）的发展、社会生产力水平加速提高，与此相适应的资本主义商品经济建立和巩固就成为不可避免。这样，"人类中心主义"发展为以"人类中心主义"生态观为核心的生态文化阶段。当然，之所以能够发展到这一生态文化阶段，除了以上科技革命、工业革命，以及生产力提高促使资本主义商品经济发展等客观外部条件之外，还因为以"人类中心主义"生态观为核心的生态文化有着自身发展的内部逻辑规律性，[①] 以及深厚的哲学自然生态思想文化底蕴及其发展脉络。

西方近代哲学之父笛卡尔的实在论认为人类要"借助实践哲学使自己成为自然的主人和统治者"[②]，并宣称"人是自然界的主人和所有者"[③]。他的这一哲学思想表明：人类要借助实践哲学利用、控制和征服自然，并成为自然界的主人和所有者，过分强调了人与自然关系中人的主体作用。康德则更进一步地提出了"人是自身目的，不是工具。人是自己立法自己遵守的自由人"[④]。这就是康德著名的"人是目的"命题，它所表述的主要意思是"人就是目的本身，亦即没有任何什么能够把人当作手段，人类本身永远都是目的"[⑤]。可见，在康德那里人与自然关系的生态理念是：人具有"独特性"，在宇宙中"人是自身目的，不是工具"[⑥]，这就隐含着为了实现人自身目的，可以无限度地改变自然；"人是自己立法自己遵守的自由人，人也是自然的立法者。"[⑦] 则说明了人为了自身的利益而改造自然的活动不仅是合情合理的，而且是天然合法的。康德的哲学思想就把近代"人类中心主义"生态观概括形成了完整的理

---

① 刘寒春：《论人类中心主义的历史演进——兼谈对当前生态危机的看法》，《中共四川省委党校学报》2005 年第 2 期。

② ［法］笛卡尔：《探求真理的指导原则》，管震湖译，商务印书馆 1999 年版，第 36 页。

③ 同上。

④ ［德］康德：《实践理性批判》，韩水法译，商务印书馆 1999 年版，第 95 页。

⑤ 管国兴：《老子道论对现代企业管理的展示》，《学海》2011 年第 3 期。

⑥ ［德］康德：《实践理性批判》，韩水法译，商务印书馆 1999 年版，第 95 页。

⑦ 同上。

论。培根和洛克则把康德的“人是目的”的思想付诸实践，从而形成了近代以“人类中心主义”生态观为核心的生态文化。培根提出“知识就是力量”[①]，在他看来，人类获取知识就可以了解科学并揭开自然的奥秘，[②] 支配自然是人类所要实现的真正目的和达到的最终目标，这就在实践的层面上引导和改变着人与自然的关系，自然必须作为一个“奴隶”来“服役”，它将在“强制”中被机械技术所“铸造”[③]。可见，在培根哲学思想的一个重要方面体现在人统治自然的手段就是知识和科学，这种“人类中心主义”生态观的实质就是靠知识和科学“征服自然”“改造自然”，让自然无条件为人类服务，明确提出，人要竭尽全力不断从大自然的禁锢中彻底解脱出来，人类对大自然的否定是人自己通往幸福的道路选择。[④] 这就是说只有全面、准确、辩证地认识、理解和解决好人的问题，才能正确处理人与自然之间的关系。“改天换地”“改造自然”“征服自然”，挣脱自然对人的约束，不做自然的奴仆，而要做自然的主宰者，这既是近代西方以“人类中心主义”生态观的哲学思想核心和生态文化的关键之处。

第三节 以“人类中心主义”生态观为核心的生态文化重要性

以“人类中心主义”生态观[⑤]为核心的生态文化在引领西方人类社会发展的重要性，我们要辩证、全面、发展地看。既要看当时所起的正面积极作用，也要看它的局限性和带来的负面消极作用，不能采取历史虚无主义的态度。客观地看，在此生态文化的指引下，人类对自然界取得

---

① 杨佩岑：《浅析培根“知识就是力量”的哲学内涵》，《山西大学师范学院学报》（哲学社会科学版）1998 年第 3 期。

② 邱艳丽：《生态文化理论与实践的哲学探索》，硕士学位论文，新疆大学，2006 年。

③ ［美］卡洛琳·麦茜特：《自然之死》，吴国盛等译，吉林人民出版社 1999 年版，第 186 页。

④ 刘寒春：《论人类中心主义的历史演进——兼谈对当前生态危机的看法》，《中共四川省委党校学报》2005 年第 2 期。

⑤ 邓玉兰：《论人类中心主义生态伦理观》，硕士学位论文，西南大学，2010 年。

了前所未有的巨大胜利。它确实极大程度地激发了人的能动性、主动性、积极性和创造性，改变了人完全依附于自然的从属地位，创造了超出资本主义社会之前的所有社会形态物质财富的总和，创造了无与伦比和灿烂辉煌的近代资本主义工业（产业）文明。但是，由于这种生态文化本身的局限性决定了这种胜利又是局部的、短暂的、不可持续的。

一　以“人类中心主义”生态观为核心的生态文化的正面作用

以“人类中心主义”生态观为核心的生态文化作为一种生态观、伦理观和价值观，它是彰显人性和体现人的主观能动性并实现人的价值的伟大思想。充分体现了人类的自身利益，也体现了价值信仰和智慧力量[①]。正是在此生态文化的引领下，近代西方发挥人的主观能动性和制造力，通过“征服自然”“改天换地”改变了人的生存状态和所处地位，建设了近代人类社会丰富的物质生活和精神需要，人们真正开始引以为豪成为自然界的主人。[②]

当然，以“人类中心主义”生态观为核心的生态文化对人与自然的关系的认识，也是有一个不断发展的过程的，从二元对立的存在论到还原论的认识论，再到分析主义的方法论，虽然本质上体现了人类自身与自然界不是同一的，而是对立的机械唯物主义的观点，但它却蕴藏着深厚的哲学思想和人性张扬的渴望及认同。实际上人类社会更替和发展进步的历史，就是人类充分发挥主观能动性的实践历史。因此，在人与自然之间关系中人总是发挥着主体性、创造性作用，处于“中心地位”。以“人类中心主义”生态观为核心是人类社会历史发展的结果和选择，因而具有一定的道理和合理成分。以“人类中心主义”生态观为核心的生态文化强调人的“独特性”，十分明确地把人和自然界其他存在物加以区别并独立存在，这也是合理的。因为人的“独特性”让人类真正发现并实现自身的真实意义和重大价值。以“人类中心主义”生态观为核心的生

① 刘寒春：《论人类中心主义的历史演进——兼谈对当前生态危机的看法》，《中共四川省委党校学报》2005 年第 2 期。

② 同上。

态文化认为，“人是自身目的，不是工具。人是自己立法自己遵守的自由人”[①]。这就说明，在人与自然之间关系中人是有改造自然的巨大威力并能让自然为人类社会服务。可见，无论是从认识主体、价值主体还是实践主体来分析和认识，以“人类中心主义”生态观为核心的生态文化都起了正面积极的作用。

二 以“人类中心主义”生态观为核心的生态文化的负面作用

由于近代西方以“人类中心主义”生态观为核心的生态文化的哲学基础具有片面性和形而上学的缺陷，注重二元对立的存在论、还原论的认识论和分析主义的方法论等。即只强调人与自然之间关系的对立，却没有看到人与自然之间关系的统一，这就必然夸大了人的主观能动性，客观上助长了人类对自然的征服、劫掠、改造和疯狂索取。这就必然造成以破坏自然生态环境为特征的人与自然之间关系的扭曲，出现资源短缺、环境污染和自然生态破坏等一系列全球性问题的加剧。

以“人类中心主义”生态观为核心的生态文化过高看重了人的“独特性”和“中心地位”。在人与自然之间关系中人虽然具有主观能动性，但不应片面夸大，要看到自然对人类的巨大反作用。培根提出了“知识就是力量”[②] 的命题，但因人的知识不完备性和人的“独特性”的有限性，资源短缺、环境污染和自然生态破坏等会对整个自然世界和人类社会持续发展产生怎样的影响无法准确预见。因此，这种生态文化引领西方社会经济发展必然会出现很大的局限性。以“人类中心主义”生态观为核心的生态文化具有明显的片面性和形而上学的缺陷，只关心人的喜怒哀乐，以及以人为中心的生态观、伦理观和价值观，却忽视甚至对其他动物和存在物包括大自然的“喜怒哀乐”视而不见。这就不可避免地带来人类社会的扭曲发展，受到自然界的无情报复和严厉惩罚。以“人类中心主义”生态观为核心的生态文化体现的实质就是功利主义和利己

---

① ［德］康德：《实践理性批判》，韩水法译，商务印书馆 1999 年版，第 95 页。

② 参见杨佩岑《浅析培根“知识就是力量”的哲学内涵》，《山西大学师范学院学报》（哲学社会科学版）1998 年第 3 期。

主义的价值观，在理论上会片面强调人的中心地位、倡导“以自我为中心”的思想，在实践上会实现人的利益最大化，造成短期短视行为，促使人与自然的关系畸形发展。由此可见，以“人类中心主义”生态观为核心的生态文化不可能正确地认识和处理人与自然的关系，从而导致人与自然之间矛盾的尖锐化成为不可避免，而人与自然之间矛盾冲突的本质是隐藏在背后的人与人之间的利益矛盾。无论是战争冲突、资源掠夺、环境污染加剧，还是整个自然世界的生态环境恶化，都是人与人、发达国家与不发达国家之间利益矛盾尖锐化的具体表现，也是以“人类中心主义”生态观为核心的生态文化带来的客观恶果。

鉴于近代西方以“人类中心主义”生态观为核心的生态文化的局限性，导致了人类社会生态环境恶化等矛盾、问题和困难。面对这一重大现实问题，西方国家进行了深刻反思，尽力找出解决问题的思路和办法。这样，以“人类中心主义”生态观为核心的生态文化之后，就必然出现了以“非人类中心主义”和“现代人类中心主义”生态观为核心的生态文化，企望以此为引领完全纠正和正确处理人与自然之间的关系，挽救人类社会和全球出现的一系列生态环境问题。但是，以“非人类中心主义”和“现代人类中心主义”生态观为核心的生态文化仍然不是完满的生态文化形态。在解决人与自然关系的难题上，虽然克服了重人轻物的局限性，却又陷入了重物轻人的泥潭中。可见，科学的生态文化出现必然是呼之欲出、水到渠成。

第三章

科学的生态文化

18世纪工业革命的发生使人类走进了全新的现代化时代，社会生产力的迅猛发展让人类越发得意地认为自己是大自然的主人，万物皆由我主宰。这种错误的极端人类中心主义，使人们在现代工业化进程中忽视了环境的承载力而一切以人类自己为中心追求利益至上，结果导致水土流失、资源匮乏、物种濒危等一系列世界性生态问题，甚至威胁到了人类自身的生存和发展。为了维持社会、延续人类的生存，世界各国的专家学者陆续开始探索保护生态环境、实现人与自然和谐相处，追求远期利益的与“极端人类中心主义自然观”相反相对的崭新生态文化理论，试图用这样一种新的文明形态来保证人类的继续生存。同时，纠正人类不理性的破坏行为来保障社会的正常运转与可持续发展，而恰是能够引领这种生态文明的文化我们称为科学的生态文化。

第一节 科学生态文化及其思想内涵

科学生态文化即“基于对人与自然界关系的正确认识、以人与自然和谐发展为价值取向、以人类的生死存亡及人生意义为终极关怀、与当前生态文明建设相适应的一种文化形态”①，科学生态文化不同于传统农耕文明和工业文明，是一种全新的扬弃以往文明观念的文化形态。它与极端生态中心主义自然观对立，也与极端人类中心主义生态文化相异，

---

① 张帆：《生态思维——德育思维方式转换的新视角》，《法制与社会》2012年第33期。

具体而言主要体现在以下几个方面。

一　主张整体论和有机论统一的生态自然观

科学的生态文化坚持生态自然观、生态整体论和生态有机论的统一。它反对极端人类中心主义生态文化或极端生态中心主义自然观，而认为人类也是自然界中的一员，人类与自然界的关系也不仅仅是简单的两者之间的征服控制关系，而是一个紧密相连、不可分割的有机整体。科学的生态文化还认为，自然界整体与各部分之间也绝非简单的影响与被影响关系，组成整体的各部分同样是彼此联系、相互作用、相互制约的。反之，当人类肆意妄为、妄自尊大割裂自然界各部分之间的关系，不顾生态环境的整体性而一味追求人类自身经济利益时，自然界的生态破坏生态失衡反过来必然会威胁到人类自身，科学的生态文化就是这样一种文化。

二　坚持人与自然和谐发展的认识论

就认识论来说，科学生态文化既与极端人类中心主义生态文化不同，又跟极端生态中心主义自然观存在很大区别。在以往中国传统文化里习惯于构架一个“天、地、人”的三方体系，而在这个体系中先贤们总是会过分推崇人的主体地位，这种对“人”主体地位的推崇，虽以独特的视角表达了中华民族自古以来对人重视尊重的传统，但这与“万物齐一、众生平等”的生态文化观仍是有悖的。同样的，在西方极端人类中心主义、生态中心主义自然观里，也存在着主客两分、重主体轻客体的错误观念。而科学的生态文化在认识论上正与它们相反，它反对把主客体相分离，甚至过分强调主体而轻视或忽视客体的思想观念。科学的生态文化认为这样的主客两分实际上就已经割裂了人类与自然的有机统一，斩断了它们的内在联系，而人与自然根本上应当是彼此一体的。科学的生态文化坚持人与自然的和谐友爱、和谐共生、相互依存、共同进步，从长远来看是符合“人与自然是生命共同体，人类必须尊重自然、顺应自然、保护自然。人类只有遵循自然规律才能有效防止在开发利用自然上走弯路，人类对大自然的伤害最终会伤及人类自身，这是无法抗拒的规律。”[①] 因此，只有坚持人与自然共生共融、协同发展的认识论，才能让人类社会进步和生态环境良好地循环发展，并最终实现全球高质量和可持续发展。

三 尊重其他生命体存在和发展的价值观

科学生态文化尤其强调尊重其他生命体的存在与发展，不仅仅人类有其生命意义和价值，世界上每一个生命体都有自己独特的存在价值和意义，不能忽视更不能否认。不管是农耕时代对野生动物的滥捕杀戮，还是工业文明时期对经济的盲目追求以破坏生态环境为代价，这些忽视其他生命生存发展意义的行为观念都是错误的。在科学生态文化的时代，在强调可持续发展的今天，我们必须尊重自然万物，无论它是人类还是动植物，尊重这些生命体生存发展的权利，尤其对于野生动物，更应强烈反对以食用珍稀濒危动物作为身份象征、以此为荣的扭曲心理和错误行为。总之，在价值观上，科学生态文化不再只关注人的价值需求、强调人的欲望满足，而把其他事物看作手段、把人看作是最终意义，科学的生态文化是在坚持生态原则的基础上将生态价值、社会价值和经济价值合而为一。

四 突出运用生态学思维方式的方法论

生态学思维是随生态文化发展到近现代而产生的一种新的思维方式，生态意识日益被人们所接受和认可，人们认识世界万物的思维方式正在发生转变，新的思维方式，即生态思维方式开始出现。生态思维又称为有机论思维，它是一种强调事物彼此联系、影响和作用的整体性思维方式，它的最终目标是建设一个“人—社会—自然”和谐发展的共生共荣的一种可持续发展模式[②]；生态思维方式强调把一个个的有机体看作同自

---

① 习近平：《决胜全面建成小康社会 夺取新时代中国特色社会主义伟大胜利——在中国共产党第十九次全国代表大会上的报告》，《人民日报》2017 年 10 月 28 日第 1 版。

② 张帆：《生态思维——德育思维方式转换的新视角》，《法制与社会》2012 年第 33 期。

然和社会环境同一个整体或系统，这样才是一个完整的生命体。这种思维方式对人与自然关系具有积极的方法论指导意义。

五　坚持自觉遵循自然规律，开发、利用并保护海洋的实践论

海洋生态文化自觉遵循开发、利用并保护海洋的基本规律，坚持规划、集约、生态、科技和依法“五个用海”[①]，高点规划海洋、集约利用海洋、适度开发海洋、科技发展海洋、依法建设海洋；促进海洋科技水平提高、充分有效利用海洋资源、高质量发展海洋经济；依法依规保护海洋生态环境、加强对海洋生态系统的检测、对海洋存在的问题进行治理修复。真正实现人海共生共融、和谐繁荣。

第二节　科学生态文化的历史发展脉络

世界进入新的发展阶段，人类环境专家学者开始反思近代西方以“人类中心主义”生态观为核心的生态文化的局限性及其致使整个人类社会陷入生态环境恶化的现实困境，开始出现“非人类中心主义”为核心的生态文化、“现代人类中心主义”为核心的生态文化、“生态马克思主义”为核心的生态文化[②]、“生态兴则文明兴”为核心的科学生态文化的历史逻辑发展脉络。之所以把“非人类中心主义”为核心的生态文化、“现代人类中心主义”为核心的生态文化（在处理人与自然的关系上重视物）也划入科学生态文化的历史发展脉络之中，是因为它们一是与近代西方以“人类中心主义”生态观为核心的生态文化（在处理人与自然的关系上重视人）截然不同；二是“生态马克思主义”为核心的生态文化，特别是“生态兴则文明兴”[③]为核心的科学的生态文化（在处理人与自然的关系上重视人物共生共融、协调发展）的出现奠定了基础。因此，从历史的发展和逻辑顺序认清科学生态文化的出现成为逻辑和历史发展

---

① 唐庆宁：《服务沿海开发　建设海洋强省》，《海洋开发与管理》2012 年第 2 期。

② 李忠友：《生态文化及当代价值研究》，博士学位论文，吉林大学，2016 年。

③ 习近平：《推动我国生态文明建设迈上新台阶》，《奋斗》2019 年第 3 期。

的必然。

一 “非人类中心主义”为核心的生态文化

根据对人类之外的万物应有的道德态度来看，“非人类中心主义”[①]为核心的生态文化可以依次分为三种不同类型：一是“感觉中心主义”[②]为核心的生态文化；二是“生物（生命）中心主义”[③] 为核心的生态文化；三是“生态中心主义”[④] 为核心的生态文化。

（一）“感觉中心主义”为核心的生态文化

“感觉中心主义”提出世界上所有的动物都应受到公平的道德关怀。它主要包括动物解放论为代表的边沁功利主义和对康德式的道义论传统继承——动物权利论为核心的生态文化为代表。

1. 功利主义为核心的生态文化。

英国的杰里米·边沁把快乐看作世上所有动物行为的目的，善能促进快乐。并认为人们所有的行为体现为快乐和痛苦，快乐是相似的，痛苦各有各的不同，他是西方把道德关怀运用到动物身上去的第一人。[⑤] 澳大利亚哲学家彼得·辛格继承了边沁的功利主义为核心的生态文化，他认为动物由于也有快乐和痛苦，因此，动物自然也应该成为道德主体。并主张应把道德关怀扩大到所有动物身上，从而实现动物和人的最大幸福，而不是相反。[⑥] 他又进一步指出，“平等的原则包括平等的对待和关心”[⑦]。我们的态度和行动都要转向物群体，平等对待世上一切物种 。包括人类出于人道要关心善待世上所有动物，[⑧] 实现动物解放。

---

① 参见李忠友《生态文化及当代价值研究》，博士学位论文，吉林大学，2016 年。

② 同上。

③ 杨晓亮、彭雪华：《解析构建“美丽中国”的哲学基础书——基于马克思主义生态观的视角》，《湖北经济学院学报》（人文社会科学版）2015 年第 3 期。

④ 参见李忠友《生态文化及当代价值研究》，博士学位论文，吉林大学，2016 年。

⑤ 同上。

⑥ 同上。

⑦ 杜向民等：《当代中国马克思主义生态观》，中国社会科学出版社 2012 年版，第 103 页。

⑧ 黄承梁、余谋昌：《生态文明：人类社会全面转型》，中共中央党校出版社 2010 年版，第 140 页。

2. 动物权利论为核心的生态文化。

美国哲学家汤姆·雷根主张康德式的道义论传统继承——动物权利论，他认为，动物解放论者仅局限于功利主义的立场和角度，承认动物的道德地位，认为动物仅应受到公平的道德关怀等是不够的。因为动物解放论所阐述的功利、和平两者之间没有必然的逻辑关系。所以，雷根强调认为，任何人都有自己的尊严和存在的价值，也有相应的权利，虐待任何人都是不道德的；包括动物也有内在价值和天赋权利，因此，虐待任何动物也是不道德的。动物权利论说明并揭示了人对动物应负有的义务和责任，它比动物解放论又前进了一大步。

总之，"感觉中心主义"为核心的生态文化思想确立了对动物的直接道德义务，这是对以"人类中心主义"生态观为核心的生态文化的进一步发展，对于理解和处理人与自然的关系具有重要作用。

（二）"生物（生命）中心主义"[①] 为核心的生态文化

将"感觉中心主义"为核心的生态文化，把道德关怀的范围和"价值""权利"的观念扩展到了整个生命系统，推动了人和生物之间的道德关系向前发展，[②] 形成了"生物（生命）中心主义"为核心的生态文化。

1. 敬畏珍视生命论。阿尔伯特·史怀泽认为，我们都要敬畏、尊重、爱护和珍视除了人类之外的世上万物的生命。因此，史怀泽提出了伦理善恶标准：尊重生命、爱护生命和珍视生命就是善；反之则是恶。并且他认为，这种伦理原则是必然的、绝对的、普遍的。这就将伦理道德扩展到了一切生命体，充分展现了史怀泽所倡导仁慈、人道和平等思想的彻底。无论它从主观还是客观上对于人们对道德境界的追求。仁慈情怀的张扬、欲望争斗的抑制、人与自然的协同发展等，都起着重要的作用。[③]

2. 尊重爱护自然论。泰勒系统地表述了"生物（生命）中心主义"的思想，即整个生命体道德价值均是平等的。这思想认为，人和其他物

---

① 参见李忠友《生态文化及当代价值研究》，博士学位论文，吉林大学，2016 年。

② 同上。

③ 同上。

种构成了一个共生共融的生命体，生物生存环境影响自身的生存和福利，不影响其他生物的生存和福利；所有的生命有机体既是目的和中心，也有自己生存的独特方式；人类并非天生优于其他物种。[①] 因此，人们要"尊重大自然"并对其承担道德责任。他进一步明确指出，尊重大自然也就是正义的行动、友善的道德品格所表达或体现的道德态度。[②] 泰勒还突出强调人类跟其他物种都是平等的、公平的，各有各的特点，没有优劣之分，他们共同构成生命共同体。他还针对人类对待万事万物表现出来的优越想法和实践活动，明确提出了对其他万物不干扰伤害、进行补偿关心和坚持忠贞正义等应该遵守的原则和行为准则。[③] 他还认为，人类既可以追求自身利益和生活方式，也不对生物共同体进行干扰，这样才是一个完美的世界秩序。即使由于随着生产力的不断发展，科技发展水平导致人类生存环境变化，人类的社会实践活动致命大自然发生变化或作出强制性选择等客观因素对其他万事万物产生威胁和伤害，但是，人类应该最大限度地减轻所造成的结果而不是相反。泰勒的这一思想，体现了整个生命体道德伦理价值是平等的，确定了"尊重大自然"的道德责任和态度，提出了对待生命有机体的四个应该遵守的原则和行为准则等，对于规范处理人与自然的关系具有很强的指导作用，形成了"生物（生命）中心主义"为核心的生态文化。

（三）"生态中心主义"为核心的生态文化

"生态中心主义"为核心的生态文化，主要奉行自然环境生态学观点，注意生物有机体组成的生态系统，将人的道德伦理观念扩展到自然生态系统，从单个人扩展到自然生态系统，完成了从个别向一般、从局部向理解、从特殊向普遍的转变。[④]

1. 大地伦理思想。美国哲学家利奥波德认为，应将道德伦理观念拓展到整个大地，即自然万物组成的整体。他进一步指出，之所以人类滥用大地，是因为把它看作是一件附属品。如果人类把它看成是生命共同体，就

---

① 参见李忠友《生态文化及当代价值研究》，博士学位论文，吉林大学，2016 年。

② 同上。

③ 同上。

④ 同上。

会对大地更加热爱和尊重。利奥波德又阐述了大地伦理思想的基本道德原则：如果人类敬畏、尊重、爱护和维护万物共同体的共生共融、和美平稳和协同发展就是正确的选择，相反，则是错误的选择。可见，大地伦理思想要求维护人与自然之间的共生共融、和善平稳和协同发展，力求全球生态系统的有机整体性、万事万物的多样性和整个地球大地的完整性。[①]

2. 自然生态价值论。美国哲学家罗尔斯顿认为："生态系统的创造性是价值之母……凡存在自发创造的地方，就存在着价值。"自然物本身虽没有价值，但却有使用价值。自然物及其生态所体现出的使用价值让其彰显出复杂性和创造性增加，从而，促使自然界中的物种不断向着多样化和精致化发展，以及自然物生态系统自身价值的存在。人类"不仅通过主动适应自然生态环境来谋求自身的生存与发展，而且更加追求彼此之间相互依赖、相互竞争的协同进化"[②]。这就要求人类必须尊重自然道德、热爱自然生命、呵护自然价值，自觉遵循自然生态规律，真正谋求和正确处理所有生命和非生命存在物的关系，亦即人与自然的关系。

3. 深层生态思想。挪威哲学家阿伦·奈斯提出了深层生态思想，即以整个自然界及其存在物（包括人类）的利益为目标的价值伦理。它主要体现在两个"最高规范"："一是生态中心平等主义——若无充足理由，我们没有任何权利除掉其他生命。这种生态中心主义的平等观被奈斯称为是'生物圈民主的精髓'。生物圈内各种物种之间存在的相互竞争是一种正常的自然现象，但人类因为科技的进步和文化的发展，为了自身的利益经常损害其他物种的利益，威胁到人类以外生物的生存的权利，使整个生态系统遭到了破坏，人类的生存环境逐渐恶化。因此，人类应当认识到自身是生态系统中与其他生物联系紧密的一个部分，应当尊重生物圈内的其他物种，尊重整个生态系统存在的价值。二是自我实现——即人类在日渐成熟的过程中，能够和其他生命同舟共济。深生态学家主张，深生态学的自我实现有赖于人类现有精神的进一步成长，要求突破

---

① 李忠友：《生态文化及当代价值研究》，博士学位论文，吉林大学，2016 年。

② ［美］霍尔姆斯·罗尔斯顿：《环境伦理学：大自然的价值以及人对大自然的义务》，杨通进译，中国社会科学出版社 2000 年版，第 270—271 页。

人类的包括非人类世界的确证。我们必须要以一种俗常智慧——即突破我们狭隘的当代价值观念、文化假设、时间与空间的智慧来进行自我的剖析与反思。我们若要实现完全成熟的人格与独特性必须通过这种途径。深层生态学者认为，解除生态危机的唯一方法是改变人类的认识，培养人类的生态良知。”[①] 因为这一深刻的哲学思想和深层的生态文化价值观念涵盖了人类生活的多个领域，所以，深层生态思想自从出现以后，逐步在世界各国广为流传并产生越来越大的影响，从而推动绿色环保和绿色革命运动的展开，开始迈向了一个全新的生态文化天地。[②]

由以上论述可见，“非人类中心主义”为核心的生态文化将人类从“人是自然的主人和统治者”和“人是自然界的主人和所有者”的片面观念中解放出来，呼唤人类爱护自然、顺应自然、保护自然，关心自然生态环境的健康发展，重视人类在大自然中高质量生存发展；它尊重非人类生物的发展与生存的权利，强调人与自然和谐相处、共生共融、唇齿相依，调整人类与自然界的相互关系；它倡导全球经济的生态化发展，注意在经济发展的过程中必须考虑生态环境保护和承载能力，并实现经济发展与环境保护协调一致，为社会经济的健康、可持续发展提供理论支撑；它还推动了环保和绿色运动的开展，并得到了世界各国的认同，掀起了全球绿色环保运动和绿色革命的热潮。[③]

二 “现代人类中心主义”为核心的生态文化

“现代人类中心主义”为核心的生态文化认为人的理性和利益是有道德和价值的，人类也应有对待生态自然的道德观和价值观。

（一）以帕斯莫尔为代表的“开明的人类中心主义”

美国著名学者帕斯莫尔指出，对人类改造自然并获得物质资料的能力应当给予肯定，但在改造自然的过程中，人类应对自身生存发展所依赖的自然生态环境加以保护和爱护。基于代际生态效益的考虑，人类重

---

① 雷毅：《深层生态学思想研究》，清华大学出版社 2001 年版，第 44—45 页。

② 李忠友：《生态文化及当代价值研究》，博士学位论文，吉林大学，2016 年。

③ 同上。

视当前的生态环保就是保护人类长远的利益。“开明的人类中心主义”，认为一是人类应该就生态环境破坏问题负道德责任；二是人类不能忽视非人类存在物的需要和价值存在；三是强调人虽然是积极主动方，自然是消极被动方，但是，这并不意味着人类可以任意摆布自然界。[①] 可见，人类既是生态自然环境的改造者，又是生态自然环境的管理者。人类要责无旁贷地担负起生态自然环境管理者的责任，真正扮演好并履行好管理者的角色，从而让生态自然环境得以保护和可持续发展，朝着对人类社会生存和发展有益的方向不断演进。

（二）以诺顿为代表的“弱化人类中心主义”[②]

美国哲学家诺顿认为，“弱化人类中心主义”是一种理性思维的理论，当然，它强调理性世界观与人的喜好相一致，即所谓的理性意愿。可见，这种理论可以对破坏生态环境的行为进行有效监督和纠正，真正的从根本上控制人类对生态环境的劫掠性使用。诺顿在其理论中承认世界万物能够为人类提供需求和服务，当然人的各种需要必须由客体自然提供。[③] 可见，诺顿的这种思想具有重要的作用，许多保护生态环境的有效行为都源于自创性意愿的理论。

（三）以墨迪为代表的“现代人类中心主义”

美国生物学家 W. H. 默迪则创立了“现代人类中心主义”理论。[④] 该理论认为，自然万物都是客观存在并有生命价值，把其他万物和生命也列入了该理论范畴，它让人类站在与其他万物生命平等的角度，看待自然和自然规律。墨迪强调人类应该直面当前的生态环境问题，不能绕开，更不能回避。生态环境的根源在于没有正确处理好人与自然之间的关系。但是人类有着非凡的智慧和能力，有着认识错误、纠正错误、改正错误的勇气和担当，也有修复恢复生态环境问题的职责，定会解决当今世界出现的高排放、高能耗、高污染等一系列生态环境污染破坏的问题。[⑤]

---

① 李忠友：《生态文化及当代价值研究》，博士学位论文，吉林大学，2016 年。

② 同上。

③ 同上。

④ 同上。

⑤ 同上。

总之，“现代人类中心主义”为核心的生态文化认为人类应有对待生态自然的道德观和价值观，这是一种具有现代意义的、新颖的文化理念。

三 “生态马克思主义”为核心的生态文化[①]

“生态马克思主义”为核心的生态文化源于20世纪70年代的西方绿色环保和绿色革命运动，到了90年代发展为影响很大的生态文化潮流。“生态马克思主义”尝试用马克思主义的立场、观点、方法，阐述当时资本主义机器化大生产致使全球生态环境出现严重污染等一系列问题的根子和源头，提供了解决全球生态危机问题的措施和办法等。[②] 这一思想对生态文化建设具有十分重要的理论价值，也提供了分析解决问题的思路。

（一）“生态马克思主义”认为生态危机产生的原因在于资本主义制度本身[③]

“生态马克思主义”者透过人与自然关系的现象，深入资本主义生产关系的本质，对资本主义经济制度和政治制度进行了分析研究，认为资本主义社会之所以会出现的严重生态自然环境问题，根本原因在于资本主义制度本身。德国哲学家A. 施米特认为，马克思的自然概念实际是具有社会历史性的，换言之，自然从最初就是和人的活动紧密相连的。[④] 高兹进一步强调，当代资本主义出现的环境污染等一系列生态危机，根源就在于资本主义的经济制度和资本主义生产关系的实质，它让物物交换关系变成了人人之间的剥削与被剥削、压迫与被压迫的关系，商品拜物教和货币拜物教的出现更让人与人之间的关系发生异化；由此人与自然的关系也就自然发生变异，异化为自然成为人的奴隶和附属的关系。[⑤] 可见，在资本主义经济制度和政治制度下，生态危机的出现和蔓延就不可

---

① 李忠友：《生态文化及当代价值研究》，博士学位论文，吉林大学，2016年。

② 同上。

③ 高亚春：《生态危机、制度批判与生态社会主义的构建——和谐社会视阈下的生态学马克思主义研究》，《前沿》2013年第3期。

④ 俞田荣、郑艳：《人的“自然性”与自然的“属人性”——马克思、恩格斯人与自然关系探析》，《大庆师范学院学报》2012年第4期。

⑤ 王胜军、朱庆跃：《西方马克思主义对现代资本主义社会特权现象的批判》，《科学社会主义》2011年第2期。

避免。必须用社会主义经济制度和政治制度代替资本主义经济制度和政治制度，用社会主义生产关系取代资本主义生产关系，才能从根本上解决问题，真正实现全球生态环境的修复恢复。高兹把当今资本主义社会中生态危机产生的原因归咎于资本主义经济制度和政治制度、归咎于资本主义的生产关系及其体现出来的资本主义的生产目的，以及资本家追逐剩余价值的贪得无厌和永无止境。在巨大经济利益的驱动下，高排放、高能耗、高污染的生产方式必然造成全球的生态危机。[①] 从资本主义制度批判看，莱斯认为，资本主义机器大生产无限扩大的趋势，能够生产出越来越多的产品满足人们对于虚假需求的消费，这种无限扩大的社会化大生产必然加剧生态环境危机。[②] 福斯特则明确肯定了资本主义经济制度和政治制度具有反生态本性，他从资本主义生产目的和资本家追逐剩余价值的贪得无厌和永无止境的规律进行分析，[③] 指出资本主义经济制度和政治制度本质上是不可能按照生态学来正确处理人与自然的关系，这就不可避免会引发生态环境危机，造成全球环境污染和损坏等一系列问题。[④]

（二）“生态马克思主义”者致力于对生态危机产生思想文化根源的揭示[⑤]

他们认为造成全球性生态环境污染和损坏等一系列问题的根本原因，关键不在于整个自然生态系统，而在于资本主义社会的生态文化出现了问题。“生态马克思主义”者尖锐地指出，目前整个资本主义文化系统表现出来的资本主义经济制度和政治制度实际上已经到了末日，从而致使全球自然生态系统必然出现严重的问题。而当前全球出现环境污染和损

① 王雨辰：《制度批判、技术批判、消费批判与生态政治哲学——论西方生态学马克思主义的核心论题》，《国外社会科学》2007 年第 2 期。

② 关健、胡海波：《西方马克思主义异化理论的历史考察及价值评述》，《学术交流》2011 年第 8 期。

③ 高亚春：《生态危机、制度批判与生态社会主义的构建——和谐社会视阈下的生态学马克思主义研究》，《前沿》2013 年第 3 期。

④ 包庆德、夏雪：《国内学界关于生态学马克思主义生态危机根源研究述评》，《南京林业大学学报》（人文社会科学版）2010 年第 2 期。

⑤ 陈学明：《“生态马克思主义”对于我们建设生态文明的启示》，《复旦学报》（社会科学版）2008 年第 4 期。

坏等一系列问题的程度是同伦理道德观、价值观、生产方式、生活方式和精神状态的堕落程度紧密相连的。因此，人类需要通过揭示当今资本主义造成生态环境污染和损坏等一系列问题的上层建筑，层面的缺陷进一步审视和剖析现存的上层建筑所体现出来的一些政治法律思想、道德、艺术、宗教、哲学等思想观点是如何让全球生态环境危机愈演愈烈的。[①]

（三）“生态马克思主义”为核心的生态文化是一种政治哲学

“生态马克思主义”者提出了生态正义论。经济社会的发展和生态环境的治理是摆在人类面前必须要解决的现实而迫切的难题。[②] 奥康纳为代表的“生态马克思主义”者认为，解决这一难题必须以公平正义为原则。而资本主义社会由于本质上的生产资料私有制性质，以及追求利润最大化的资本主义生产目的，决定了它必须采用高排放、高能耗、高污染的生产方式，这样只会让全球生态环境污染和损坏等问题的蔓延越来越严重，因为发达资本主义国家会把传统的生产方式推广到发展中国家和落后国家，这就会造成发达资本主义国家生态环境的代际不公正，以及客观体现在发展中国家和落后国家，甚至整个世界生态环境的非正义性。[③]“生态马克思主义”为核心的生态文化力求从生态伦理的角度，从马克思主义理论那里找到解决造成生态环境污染和损坏等生态危机的答案，以及用马克思主义理论纠正造成全球生态危机实践的现有支撑理论并对其不足进行弥补。可见，“生态马克思主义”为核心的生态文化本身就是一种政治哲学思想。

四 “生态兴则文明兴”为核心的社会主义生态文化

习近平同志指出：“生态兴则文明兴，生态衰则文明衰，生态环境保护是功在当代，利在千秋的事业。”[④]“生态文明建设是关系中华民族永续

---

① 陈学明：《“生态马克思主义”对于我们建设生态文明的启示》，《复旦学报》（社会科学版）2008 年第 4 期。

② 张晓萌：《政治哲学视角下的生态学马克思主义》，《创新》2013 年第 2 期。

③ 陈培永、刘怀玉：《生态学马克思主义的生态政治哲学结构》，《南京社会科学》2010 年第 2 期。

④ 习近平：《习近平谈治国理政》，外文出版社 2014 年版，第 208 页。

发展的根本大计。中华民族向来尊重自然、热爱自然，绵延多年的中华文明孕育着丰富的生态文化。”[①] 这是习近平同志基于对中国古代朴素生态文化和近代西方以“人类中心主义”生态观为核心的生态文化，经过总结人类的社会实践并进行深入思考升华而成的对人类社会文明发展史规律性的认识和论断。习近平生态文明思想是对党的十八大以来围绕生态文明建设提出的一系列新理念、新思想、新论断和新战略的高度概括和科学总结，是新时代生态文明建设的根本遵循和行动指南，也是马克思主义关于人与自然关系理论的最新成果。从而，构成了社会主义生态文化的精髓和核心。

（一）生态文明建设是关系人类社会永续发展的根本大计[②]

自 20 世纪 60 年代以来，科技发展使得整个人类社会积聚了越来越多的财富，经济总量大幅增加。与此同时人类社会也面临越来越严重的全球变暖、物种灭绝、环境污染、资源短缺、人口膨胀和全球性公共卫生安全等生态危机问题。诸多经济学家和哲学思想家预言，全球生态环境的恶化将超过恐怖主义和霸权主义而成为 21 世纪人类面临的最大敌人。习近平同志站在历史的高度和全球视野指出“生态环境是人类生存和发展的根基，生态环境变化直接影响文明兴衰演替”[③]。他以世界四大文明古国发展的历史为例证，并从更久远的人类文明发展史揭示了由于人类忽视生态文化引领生态文明建设，“导致古代埃及、古代巴比伦衰落”[④]。教训深刻，必须铭记，绝不能让历史重演。这是习近平生态文明建设思想，也是社会主义生态文化的重要标识。

（二）社会主义生态文化集中体现在生态文明建设必须坚持的原则[⑤]

“一是坚持人与自然和谐共生。人与自然是生命共同体。”[⑥] 恩格斯在

---

① 习近平：《推动我国生态文明建设迈上新台阶》，《奋斗》2019 年第 3 期。

② 同上。

③ 同上。

④ 同上。

⑤ 同上。

⑥ 同上。

《自然辩证法》中特别强调了自然不但是人的生命之源，也是人的发展之源。[①]习近平同志进一步提出“要体现尊重自然、顺应自然、天人合一的理念”[②]，将人与自然共生共融、相互依托、协同发展，“让居民望得见山、看得见水、记得住乡愁”[③]。相反，如果人类不尊重和热爱自然必遭到大自然的惩罚，古代埃及，古代巴比伦文明的消失就是活生生的现实。如果顺应和保护自然，人类也必将获得大自然的回馈和恩泽。因此，我们要坚持“天人合一”的理念，以共生共融、相互依托、协同发展来正确处理人与自然之间的关系，维持全球生态系统和谐发展，让子孙后代享有丰富的生产资料和消费资料，也享受良好生态的代际公平。习近平同志进一步阐述了三个“倡导”，即“倡导简约适度、绿色低碳的生活方式，形成文明健康的生活风尚；倡导环保意识、生态意识，构建全社会共同参与的环境治理体系；倡导尊重自然、爱护自然的绿色价值观念，形成深刻的人文情怀”[④]。因此，人类尊重自然、顺应自然、融入自然、敬畏自然、爱护和保护自然，实际就是尊重和爱护人类及人类社会自身。通过人与自然和谐共生产生和体现出的生态文明思想与文化价值，将永远会成为人类正确处理与自然世界之间关系的重要遵循，也是社会主义生态文化的核心内容。

“二是绿水青山就是金山银山。”[⑤] 这是习近平同志着眼新世纪在加速信息工业革命的同时，发动和创新第四次绿色工业革命的核心思想。他一再强调，“我们应该追求绿色发展繁荣。绿水青山就是金山银山，改善生态环境就是发展生产力”[⑥]。因为从久远的人类文明发展史实践和人类社会永续发展的长远来看，良好的生态环境不仅能够带来经济效益和社

---

① 《马克思恩格斯全集》（第20卷），人民出版社2008年版，第509页。

② 习近平：《在中央城镇化工作会议上发表重要讲话》，《大众日报》2013年12月15日第1版。

③ 同上。

④ 新华社：《同筑生态文明之基　同走绿色发展之路》，《大众日报》2019年4月29日第1版。

⑤ 习近平：《推动我国生态文明建设迈上新台阶》，《奋斗》2019年第3期。

⑥ 新华社：《同筑生态文明之基　同走绿色发展之路》，《大众日报》2019年4月29日第1版。

会效益，更重要的是能够实现人类社会文明的延续发展和创造姹紫嫣红的全球文明。习近平同志的“两山”思想要求我们必须加快转变经济发展方式、生活方式、思维方式，促进绿色发展、低碳发展和循环发展，倡导简约适度、绿色低碳的生活方式，实现对资源和生态掠夺性利用向人与自然和谐共生思维方式转变，形成生态保护、盈余和可持续就是解放发展生产力的绿色价值观，开创一条绿色工业革命的新路，引领第四次新的工业革命。

“三是良好生态环境是最普惠的民生福祉。”① 习近平同志明确提出“良好的生态环境是最公平的公共产品，是最普惠的民生福祉。”② 改善民生和让人民获得最大福祉，就必须要切实解决人民最关心、最直接、最现实的利益问题。习近平进一步指出：“老百姓过去‘盼温饱’现在‘盼环保’，过去‘求生存’现在‘求生态’。”③ 由于日益加剧的生态环境污染，使得人类生存和生活环境，以及人类身体健康面临越来越大的问题，可见，良好的生态环境是人类对美好生活的追求和最普惠的民生福祉。习近平同志认为，“建设生态文明，关系人民福祉，关乎民族未来”④，“生态环境保护是功在当代、利在千秋的事业”⑤。从社会公平公正的角度来看，如果人类忽视生态环境保护，造成生态环境污染和危机，就会出现人类社会不同代际公平公正使用自然资源的问题。这真正体现了人类社会可持续发展的新理念和社会主义生态文化的目标追求。

“四是山水林田湖草是生命共同体。”⑥ 习近平同志明确指出：“这个世界，各国相互联系、相互依存的程度空前加深，人类生活在同一个地球村里，生活在历史和现实交汇的同一个时空里，越来越成为你中有我、

① 习近平：《推动我国生态文明建设迈上新台阶》，《奋斗》2019 年第 3 期。

② 中共中央文献研究室：《习近平关于全面深化改革论述摘编》，中央文献出版社 2014 年版，第 107 页。

③ 同上书，第 123 页。

④ 习近平：《坚持节约资源和保护环境基本国策　努力走向社会主义生态文明新时代》，《环境经济》2013 年第 6 期。

⑤ 习近平：《习近平谈治国理政》，外文出版社 2014 年版，第 208 页。

⑥ 习近平：《推动我国生态文明建设迈上新台阶》，《奋斗》2019 年第 3 期。

我中有你的命运共同体。”① “人与自然是相互依存、相互联系的整体。”② 他从人与自然共同体和人类命运共同体两个不同的视角，深刻阐述了整体与个体的辩证关系，无论是山水林田湖草与整个自然界的关系，还是个体的人与整个人类的关系、人与自然的关系、中国与世界的关系，很明显共性是无条件的、绝对的，个性是有条件的、相对的；任何现实存在的事物都是共性和个性的有机统一，共性寓于个性之中，没有离开个性的共性，也没有离开共性的个性。可见，整体的作用大于个体或部分的简单相加，整体中的每一个体或部分都需要我们尊重、顺应、敬畏和保护。只有个体或部分在和谐共融的基础上最大限度发挥自身的主观能动性，才能实现整体的平衡与发展。他把生态文明建设纳入“五位一体”整体布局，可见，以习近平同志为核心的党中央对生态文明建设的高度重视。这也是对社会主义生态文化的深刻诠释和把握。

“五是用最严格制度最严密法治保护生态环境。”③ 党的十八大以来，以习近平同志为核心的党中央大力推进生态文明制度体系建设，制定了《中国落实2030年可持续发展议程国别方案》《国家应对气候变化规划（2014—2020年）》《中共中央 国务院关于全面加强生态环境保护坚决打好污染防治攻坚战的意见》《中共中央 国务院关于加快推进生态文明建设的意见》《生态文明体制改革总体方案》《关于强化管控落实最严格耕地保护制度的通知》《生态保护红线划定技术指南》《关于划定并严守生态保护红线的若干意见》等一系列制度，出台了《大气污染防治行动计划》《水污染防治行动计划》《土壤污染防治行动计划》《环境监察办法》《环境监测管理办法》《环境保护主管部门实施按日连续处罚办法》《环境保护主管部门实施查封、扣押办法》《环境保护主管部门实施限制生产、停产整治办法》《企业行业单位环境信息公开办法》等100多项政策规章，努力实现生态文明建设在各领域、各环节有法可依、有章可循。

---

① 习近平：《顺应时代前进潮流 促进世界和平发展》，《人民日报》2013年3月24日第2版。

② 中共中央宣传部：《习近平系列重要讲话读本》，学习出版社、人民出版社2014年版，第212页。

③ 习近平：《推动我国生态文明建设迈上新台阶》，《奋斗》2019年第3期。

正如习近平同志所要求的“保护生态环境必须依靠制度、依靠法治。让制度成为刚性的约束和不可触碰的高压线。制度的生命力在于执行，关键在真抓，靠的是严管”①。这充分体现了社会主义生态文明和生态文化建设用最严格制度最严密法治保证的重要思想。

“六是共谋全球生态文明建设。”② 习近平同志指出“杀鸡取卵、竭泽而渔的发展方式走到了尽头，顺应自然、保护生态的绿色发展昭示着未来。地球是全人类赖以生存的唯一家园。我们要同走绿色发展之路。”③他进一步强调：“我国已成为全球生态文明建设的重要参与者、贡献者、引领者，主张加快构筑尊崇自然、绿色发展的生态体系，共建清洁美丽的世界。”④ 并且他就推进全球生态文明建设和科学理论提出了中国方案，一是必须遵循自然规律和人类社会发展规律，系统规划，实事求是、全局考虑，形成共生共融、相互依托和协同发展的多元化生态系统；二是要有科学治理生态环境的决心和信心，要有科学治理生态环境的责任和担当，要有科学治理生态环境的韧劲和坚守。⑤

以上必须坚持的六项生态文明建设的基本原则，充分体现了习近平生态文明思想，是社会主义生态文化的核心要义和精神实质，指明了“生态兴则文明兴”⑥ 为核心的社会主义生态文化前进方向。

（三）社会主义生态文化的主要特征

由以上生态文明建设必须坚持的原则可以看出，社会主义生态文化集中体现在坚持人与自然共融共生和协同发展、“两山”思想、生态环境是民生福祉、生态系统是生命共同体、用最严格制度最严肃法治保护生态环境、共建全球生态文明等必须坚持的六项基本原则。坚持人与自然共融共生和协同发展体现了“维持地球生态整体平衡，共同建设美丽地

---

① 习近平：《推动我国生态文明建设迈上新台阶》，《奋斗》2019 年第 3 期。

② 同上。

③ 新华社：《同筑生态文明之基　同走绿色发展之路》，《大众日报》2019 年 4 月 29 日第 1 版。

④ 习近平：《推动我国生态文明建设迈上新台阶》，《奋斗》2019 年第 3 期。

⑤ 韩洁、魏梦佳、侯雪静：《习近平出席 2019 年中国北京世界园艺博览会开幕式并发表重要讲话》，《新时代学刊》2019 年第 2 期。

⑥ 习近平：《推动我国生态文明建设迈上新台阶》，《奋斗》2019 年第 3 期。

球家园”的社会主义生态文化的核心内容和文化引领；“两山”思想体现了绿色低碳循环和可持续的生态观、发展观和认识论；“生态环境是民生福祉”体现了人类社会可持续发展的新理念和社会主义生态文化目标追求的实践论；生态系统是生命共同体则体现了尊重其他生命体存在和发展的价值观；用最严格制度最严肃法治保护生态环境体现了社会的生态文化建设的根本保证；共建全球生态文明体现了“同筑生态文明之基，同走绿色发展之路”[①] 的遵循规律和科学治理精神的中国方案。这实际上就体现出以“生态兴则文明兴”为核心的社会主义生态文化的主要特征，即坚持全球整体论和有机论统一的自然观；坚持人与自然的相互依存、共生共融、和谐发展、共同进化的认识论；坚持人类化解全球生态危机的产生以生态学方式、绿色低碳科学思维的方法论；坚持尊重“自然界生命”的价值、生存、发展权利的价值观和伦理观；坚持自觉遵循自然规律，开发、利用并保护自然的实践论[②]；坚持世界生态文明治理、建设人类命运共同体的全球观。社会主义生态文化具有科学的内涵、先进文化的引领和随着人类社会实践不断丰富发展等特性，因而，社会的生态就已具有科学性、引领性和发展性，社会主义生态文化就是科学生态文化。

第三节 科学生态文化与中国古代朴素生态文化的比较

在中国古代社会，人类在改造自然与社会实践的同时，就已经开始了对人与自然关系的思考和探索，也很早就有了有关生态问题的经验和教训，因而形成了许多传统的生态文化。中国古代朴素生态文化在历史的长河里经历了不同时代的丰富和发展，呈现出先贤们各种不同的生态思想主张。随着生态危机的日益严重和加深，过分注重理论探析和利用

① 新华社：《同筑生态文明之基　同走绿色发展之路》，《大众日报》2019 年 4 月 29 日第 1 版。

② 刘勇、刘秀香：《对我国海洋生态文化建设问题的思考》，《福建江夏学院学报》2013 年第 4 期。

高科技外在强制保护的科学生态文化，似乎越来越不能满足生态保护对转化为社会成员内在自觉行为的现实性需求，慢慢地越来越多的专家学者开始注意到对我国传统生态智慧的探索发现。可以看到，我国古代朴素生态文化与科学的生态文化之间无疑是一种甄别扬弃、继承创新的关系，发掘中华民族古代朴素生态智慧，进而对其中合理生态文化思想进行研究，探索向科学生态文化的现代性转换与整合，是积极寻求科学生态文化的完善与发展、实现整体和谐的必经之道。

一　中国古代朴素生态文化与科学生态文化相比有其一定的局限性

中国古代朴素的生态文化里的确不乏沿用至今、科学合理的生态文化思想，但细致观察后我们可以发现，它与科学的生态文化所倡导的科学合理的生态文化思想仍存在着一定的差异与距离，两者并不是一种完全吻合的关系。

（一）自然规律的伦理化倾向

"在中国古代朴素生态文化中，'天道'往往服从于世间人伦之理，自然规律也常常出现宗法伦理化的思想倾向"[①]，这种自然的规律伦理化就好像自然旱涝的天灾人祸，常常被人们称为对人的善恶报应的表现、对前世今生作恶多端的因果报复，而当风调雨顺收成好时，人们又会不自觉地认为这是多做善事上天降福于人世的结果。人们总是从传统的宗法伦理道德要求中来推论自然界出现的各种现象，尤其是习惯于将自然界的天灾和恶性自然现象规律看作是上天神灵对人间的惩罚。宋明理学里有句话"未有天地之先，毕竟也只是理，有此理便有此天地，若无此理，便亦无天地，无人无物"[②]，这里的"理"便是表现出这种道德伦理对人们的一切行为具有至高无上的指导意义。

（二）忽视自然科学的重要性

正是由于中国古代社会长期以来对宗法伦理道德精神的过度遵从，

---

① 佘正荣：《生态文化教养：创建生态文明所必需的国民素质》，《南京林业大学学报》（人文社会科学版）2008 年第 3 期。

② 王曙光：《〈管子〉——"人与天调"的生态观》，《管子学刊》2006 年第 3 期。

人们习以为常地把宗法伦理道德的内在要求看作是一切行为的准则，人们无可避免地会在某种程度上陷入唯心主义的误区，视自然科学的研究为玩物丧志、邪门歪道、不正之风，恰如孔子所言的“末业”。这种错误的观点不仅妨碍了社会上的先贤学者对自然科学的探索认识，更限制了它对生态行为的正确指导。诸如此类的思想逐渐造成我国古代朴素生态文化中重德行、轻自然、斥技艺的观念，这种无视自然科学的重要意义、鄙视研究自然现象和探索自然规律的错误思想传统，使得古代众多从事自然科学研究的贤达人士受到诸多嘲讽。如此一来，人们往往直观、经验地理解认识自然现象，从而使得我国古代朴素的生态文化陷入一味关心德行而无视自然科学、不从科学角度解释自然现象与规律的尴尬境地。

（三）重主体轻客体，视人的存在、享受为终极目的

尽管我国古代朴素生态文化的主流和最终思想仍是强调天人合一、万物齐一、众生平等理念的，但从另一个角度我们似乎又可以看到中国古代朴素生态文化中所构架的“天、地、人”三者体系，尤其“制天命而用之”的观念对人的主体地位的重视和推崇显而易见、格外突出。这种重视人主体而轻视自然万物其他客体的态度，更是显现了宗法社会素有的生生不息千秋万代的生态伦理要求，所以，“天人合一”的中国朴素生态文化命题里又似乎包含了天地万物统一于人的生存价值的意义，成为维持人生命和存在的必要手段，却又深刻地消极影响着后世子孙的行为。

一如我国古代曾形成的把拥有和消费自然珍稀生物作为个人尊贵身份体现的奇怪风气，人们崇尚饮食之欲不亦乐乎地捕食着珍稀美味，或许在当时的中国很多野生动物还并不属于濒危物种，但正是彼时人们那种只关注人的需求，把人生命的存在、享受看作是最终目的的、朴素的生态文化观，才终究酿成如今此时的生态环境恶化的苦果，特别是2020年突如其来新型冠状病毒肺炎疫情这一全球重大公共卫生事件，时时警告着我们后人加以借鉴。

二 科学生态文化是对中国古代朴素生态文化的甄别扬弃、传承创新

既然中国古代朴素生态文化与科学的生态文化相比还有其一定的局

限性和不足，所以我们更要辩证地来看待二者之间的关系。一方面，我们首先应该肯定在中国古代朴素生态文化中包容很多能为科学生态文化所汲取借鉴的有益经验，这既是实现当代科学的生态文化转化的重要基础，也是当今生态文化思想的活水源泉；另一方面，我们又必须看到，中国古代朴素生态文化的思维方式中，的确存在着受传统农耕文明、宗法社会以及后来工业文明影响下的某些缺失，或者换句话说，中国古代朴素生态文化里有些受时代局限的生态价值观念，在某种程度上束缚了科学生态文明发展的脚步，甚至还产生了一定的矛盾或冲突，这些不尽合理之处又成了沉重的枷锁，阻碍了科学生态文化的健康发展。科学生态文化是21世纪绿色生态文明的载体，是习近平生态文明思想指导下先进文化的前进方向，因此我们更要深入理性地反省中国朴素生态文化，减少破除由于传统文化局限性和时代环境所导致的思维定式的影响，让科学生态文化在甄别扬弃、传承创新古代朴素生态文化中完善与发展。

（一）以史为鉴，甄别扬弃、传承创新古代朴素生态文化

历史的传承是科学生态文化发展的基本前提和必要养分。在中国古代生态价值观里，诸子百家和禅宗佛教都丰富了中国古代朴素生态文化的思想，尤以儒、道两家为代表。儒家先贤从自然实践中进行反思，崇尚并追求“天人合一”的生态价值，最重要的是它所主张的认识自然，并非为了如何改造自然而是强调如何使人与自然友好相处。正是儒家生态文化思想中的这种“天人合一”或“与天为一”的思维模式和认识论，奠定、铸造了我国古代朴素生态文化的主流思想，宋明新儒学更是把这种生态审美价值境界同道德境界合而为一，从“鸢飞戾天，鱼跃于渊”①中去体会大自然生生不息的“仁”，从而达到“民胞物与”“仁民爱物”②的生态境界，影响尤大。

而道家则重在寻求“道法自然”，提倡以自然之真善美来洗涤人类的内心，克服社会文明种种诱惑造成的人性的自私，追求在人与自然和谐之美中寻求人的真善美的永恒。毫无疑问，中国传统的朴素生态文化为

---

① 李克尧译注：《中庸译注》，岳麓书社2016年版，第301页。

② 参见黎虎《汉唐饮食文化》，北京师范大学出版社1998年版，第310—314页。

现在生态文明建设提供了无数珍贵的思想财富，我们应尊重和汲取传统生态文化中的有益养分，从纷繁复杂的多元文化价值中找准方向树立科学的生态价值取向，通过发掘古代朴素生态文化有益资源的现实价值，不断充实具有我国特色科学的生态文化价值观。

（二）与时俱进，实现古代朴素生态文化同科学生态文化的适应性结合

人类文明的不断发展创造出了发达的物质文明，人类物质需求不断得以满足，生活条件也持续提升，但辉煌的背后却隐藏着日益严峻的生态危机。对现存严重生态危机的觉醒时时刻刻要求我们建立起科学的生态文化，填补古代传统朴素生态思想的空缺与漏洞，使之与当代绿色低碳循环和可持续发展要求相适应。

实现古代朴素生态文化同科学生态文化的适应性结合是科学生态文化的生命源泉。科学生态文化是人与自然和谐共生的物质与精神的统一。与时俱进，实现传统与现代、人类与生态的完美汇合无疑就是“绿色文明”时代的必然要求。具体表现在以下几方面。

1. 积极培育人民大众的生态保护意识。在中国朴素生态文化里生态意识往往只是少数贤人志士的意识，普通大众不常有，而且在古代生态危机并不很严重，普通百姓的生态意识也似乎不那么强。而现在情况却不同，生态危机日益严重，生态保护意识的觉醒与树立迫在眉睫，人类自身成为自己的主人，增强每个公民普遍的生态意识不仅仅是社会稳定、经济可持续发展的过程，更是文明社会进步的标志和对人类自身负责的表现。

2. 大力发展生态经济模式。生态与经济的问题是生态文化里一个重要的亟须解决的难题，既保持经济持续发展，又注重与生态保护相结合的观念已日益成为全球经济发展的新方向。我国自古以来朴素的生态文化视角成为环境保护、经济发展与社会进步的重要保障，并进一步适应绿色生态经济发展模式，引领我国经济的发展由传统粗放型走向科学健康的集约型生态经济模式。

3. 不断完善科学的生态制度。过去在朴素的生态文化中科学的生态维护制度的缺失，在某种程度上加剧了我国生态环境状况的恶化，生态

保护意识的发展与生态文明制度建设的相对滞后，严重影响了生态文明建设的整体进程。而这也从另一个角度要求我们越快越好去建立合理有效的生态保护制度。而科学合理的生态保护制度体系，需要从各个方面建立和完善，包括赋予公民享有对环境状况的了解权、树立国家工作人员积极负责的生态政绩观、鼓励公众参与监督企业集约型生产和政府是否主动作为、对相关科研机构提供资金和设备支持等。

（三）开拓创新，实现古代朴素生态文化向科学生态文化的创造性转化

开拓创新，积极促进中国古代朴素生态文化的创造性转化是实现科学生态文化丰富发展的不竭动力。

1. 推进我国古代朴素的生态文化内容发展。在当今时代，我国古代朴素的生态文化的概念内涵已经落伍，科学的生态文化的建立要求我们有效把握当下生态文化的内涵和时代的特征。树立创新的观念以此为积淀，并与当代中国先进文化建设的总体思路相呼应；运用新的科学生态文化观念促进发展，以此实现中国古代朴素生态文化的科学转化。同时需要指出的是，任何发展都离不开良好的外部环境支持，转化的成功还需各级政府和领导的充分认识与重视弘扬生态文化且付诸实践，而这正是实现我国科学生态文化发展的外部保证。

2. 推进古代朴素生态文化与新兴文化的相互交融渗透。传统智慧的现代性、创造性转化不仅仅需要一系列生态文化内涵的适应与创新，在与新兴文化的交融碰撞方面，同样可以一边利用我国古代传统文化，吸收先进理念顺应时代发展；一边与其他新兴文化包容性和传承力包容借鉴，以达到促进自身发展进步的效果。比如，将古代朴素生态文化与新潮的企业文化相融合，丰富完善古代朴素生态文化使其作用渗透到绿色时代企业文化理念中去，使企业自身的浓郁的生态氛围和生态理念内化成为员工的自觉行为，实现古代朴素生态文化向科学生态文化的生态、效益环境的良性循环和创新发展。

总之，中国古代朴素生态文化由于受生产力发展水平的限制和时代环境的影响有其一定的局限性。但人类文化是不断延续发展的，生态文

化“始于传统、起于现代、属于未来”①，科学生态文化应该且必然要包含有古代朴素生态文化的合理内核。中国目前处于21世纪绿色发展的新时代，科学生态文化作为“绿色”生态文明的承载体，必须积极探索和开发中国传统文化里古代朴素生态文化的智慧，以史为鉴并传承创新，在吸取、借鉴以往人类生态文化积极成果和经验的同时，寻求科学的可持续发展的新视角、新方法和新战略。

第四节 科学生态文化与近代西方以“人类中心主义”生态观为核心的生态文化的比较

以“人类中心主义”生态观为核心的生态文化过高地看重了人的“独特性”和“中心地位”，而忽视了自然对人类的巨大反作用。培根提出了“知识就是力量”② 的命题，但因人的知识不完备性和人的“独特性”的有限性，资源短缺、环境污染和自然生态破坏等会对整个自然世界和人类社会持续发展产生怎样的影响无法准确预见。因此，这种生态文化引领西方社会经济发展必然会出现很大的局限性。

一 以“人类中心主义”生态观为核心的生态文化的局限性

以“人类中心主义”生态观为核心的生态文化具有明显的片面性和形而上学的缺陷，只关心人的喜怒哀乐，以及以人为中心的生态观、伦理观和价值观，却忽视甚至对其他动物和存在物包括大自然的“喜怒哀乐”视而不见。德国哲学家康德提出“人是目的”的命题，强调人“是自然界的最高立法者”③。人类中心主义生态观只会扭曲人与自然的关系，酿成人类过度开发自然、破坏自然的悲剧。这就不可避免地带来人类社

① 张怀承、任俊华：《论中国佛教的生态伦理思想》，《吉首大学学报》（社会科学版）2003 年第 3 期。

② 参见杨佩岑《浅析培根“知识就是力量”的哲学内涵》，《山西大学师范学院学报》（哲学社会科学版）1998 年第 3 期。

③ Advancing with the Passing Time. Developing and Bring Forth New Ideas. Zhao fengqi Journal of Literature, History and Philosophy, 2001, p. 22.

会的扭曲发展，受到自然界的无情报复和严厉惩罚。以“人类中心主义”生态观为核心的生态文化体现的实质就是功利主义和利己主义的价值观，在理论上会片面强调人的中心地位、倡导“以自我为中心”的思想，在实践上会实现人的利益最大化，造成短期短视行为，促使人与自然的关系进一步恶化。由此可见，以“人类中心主义”生态观为核心的生态文化思想没有正确看待和处理人与自然的关系，导致人与自然之间矛盾的尖锐化不可避免，而人与自然之间矛盾冲突的本质是隐藏在背后的人与人之间的利益矛盾。无论是战争冲突、资源掠夺、环境污染加剧，还是整个自然世界的生态环境恶化，都是人与人、发达国家与不发达国家之间利益矛盾尖锐化的具体表现，也是以“人类中心主义”生态观为核心的生态文化带来的客观恶果。

二　科学生态文化是对近代西方以“人类中心主义”生态观为核心的生态文化的扬弃

关于该部分的问题已在本章第一节中，主要从主张整体论和有机论统一的生态自然观；坚持人与自然和谐发展的认识论；尊重其他生命体存在和发展的价值观；突出运用生态学思维方式的方法论；坚持自觉遵循自然规律，开发、利用并保护自然实践论的五个方面，科学生态文化是对以“人类中心主义”生态观为核心的生态文化的扬弃作了阐述，在此不再赘述。

第二部分　海洋生态文化出现的现实背景、重大意义和发展逻辑

在全面解析中国古代朴素的生态文化、西方近代以“人类中心主义”生态观为核心的生态文化、科学的生态文化三个阶段丰富的思想内涵和历史发展脉络，在揭示生态文化发展规律性的基础上，为我们研究海洋生态文化出现的现实背景、重大意义和发展逻辑提供了重要前提和遵循。这既是实践发展的要求，也是处理人与海洋关系逻辑发展的必然。

第四章

海洋生态文化出现的现实背景

“时代是思想之母，实践是理论之源。”[①] 海洋生态环境面临的一系列严重问题亟须解决促使海洋生态文化出现。同时，“创新、协调、绿色、开放、共享”[②] 的新发展理念，要求海洋经济发展方式、生产方式和人类生活方式朝着绿色发展方式和生活方式的方向转变，这就使海洋生态文化的出现水到渠成。

第一节　海洋生态环境面临的危机与保护促使海洋生态文化出现

我国海洋生态环境面临近海环境污染严重且难以防控、近海生态系统严重退化且愈演愈烈、海洋生态灾害频发且开发风险高和渔业资源种群再生能力下降等重大危机，以上危机和生态环境问题的严重性对人类造成的负面影响不可估量。在此背景下，国家把山东半岛蓝色经济区建设上升为国家战略，其海洋可持续发展能力也随之成为各方关注的焦点。[③] 处理好人与海洋的关系、加强对海洋生态环境的保护是刻不容缓和

---

① 习近平：《决胜全面建成小康社会　夺取新时代中国特色社会主义伟大胜利——在中国共产党第十九次全国代表大会上的报告》，《人民日报》2017 年 10 月 28 日第 1 版。

② 《中国共产党第十八届中央委员会第五次全体会议公报》，《大众日报》2015 年 10 月 30 日第 1 版。

③ 《国务院正式批复〈山东半岛蓝色经济区发展规划〉半岛蓝色经济区建设上升为国家战略》，《大众日报》2011 年 1 月 7 日第 1 版。

时不我待的第一要务，也是建设海洋强国的必要前提和重要条件。这就为海洋生态文化这一全新概念的出现创造了一定基础。

一 山东半岛蓝色经济区海洋生态环境污染严重

据山东省海洋与渔业厅公布的《2011 年山东省海洋环境状况公报》披露，山东海洋环境受到一定程度污染。

（一）陆地废水造成的污染

2011 年山东境内的 12 条入海河流的排海的化学需氧量（CODCr）658589.80 吨，营养盐（氨氮、总磷）12379.60 吨，石油类 4643.90 吨，重金属（铜、铅、锌、镉、汞、铬）1234.39 吨，砷 64.62 吨。[①] 内含多种有毒物质，对滩涂底质和近岸水域污染相当严重。

（二）海水养殖业造成的污染

2011 年，开展了养殖区海水、沉积物监测，共监测 12 个具有代表性的海水增养殖业区域，养殖方式包括底播养殖、筏式养殖、网箱养殖和池塘养殖四大类。[②] 随着海水养殖业的发展，清池、投饵、施肥等海洋生产作业都造成海水水质的恶化。

（三）石油溢油事故造成的污染

2011 年 6 月 4 日和 6 月 17 日，蓬莱 19—3 油田溢油事故的发生，严重污染了渤海海域海洋生态环境。致使该油田周边及其西北部超第一类海水水质标准的海域面积约 6200 平方公里，其中 870 平方公里海域海水，石油类含量劣于第四类海水水质标准。溢油事故半年后，虽然该油田周围水质等有所改善，但是两次溢油事故造成的海洋生态环境污染一直没有完全消除。[③]

（四）海滩垃圾造成的污染

以生活垃圾和工业垃圾为主，种类有塑料类、玻璃类、木制品类、金属类、橡胶类、聚苯乙烯泡沫类、织物（布）类、纸类和其他共九大

---

① 山东省海洋与渔业厅：《2017 年山东省海洋环境状况公报》（2015 - 05 - 28），http://www.hssd.gov.cn。

② 同上。

③ 金希：《2011 年，我们的海洋健康吗?》，《海洋世界》2012 年第 7 期。

类。海滩垃圾总密度 69.9 克/百平方米，塑料类和木制品类垃圾密度最大；海面漂浮垃圾：以生活垃圾为主，种类主要有木制品类、塑料类、纸类和聚苯乙烯泡沫类等，平均密度 3.0 克/百平方米；海底垃圾：主要为玻璃类，平均密度 17.2 克/百平方米。海洋垃圾主要来源于人类近岸生产经营及娱乐活动，约占海洋垃圾总量的 50% 以上，航运、捕捞等海上活动是海洋垃圾的另一来源。全省以长度小于 10 厘米的中小块海洋垃圾为主，长度大于 1 米的特大块垃圾极少。①

（五）绿潮造成的影响

2011 年 5 月下旬首次在江苏盐城外海发现绿潮，随后绿潮覆盖和分布区域不断扩大、北移。6 月 9 日，绿潮最北端跨过 35°36′N 线，漂移至我省管辖海域。7 月 19 日，绿潮覆盖和分布面积均达到最大值，分别为 560 平方公里和 26400 平方公里，主要分布在青岛、日照近岸海域。8 月 21 日，绿潮基本消亡。绿潮对青岛部分海水浴场和滨海景观造成一定影响。②

（六）海冰造成的影响

自 2010 年 12 月中旬以来，山东冷空气活动频繁，气温持续偏低，沿海出现大面积冰情，渤海湾、莱州湾及胶州湾海域冰情发展较快。2011 年 2 月下旬，我省海冰先后全部融化。2011 年 1 月 25 日，渤海湾浮冰外缘线 23 海里，一般冰厚 5—15 厘米，最大冰厚 25 厘米；莱州湾浮冰外缘线 36 海里，达到Ⅲ级警报（黄色）标准；胶州湾浮冰外缘线 1.2 海里。海冰对水产养殖、交通运输和海上设施等造成一定影响，据统计，海冰对我省共造成直接经济损失约 8.3 亿元。③

（七）海水入侵的影响

与 2010 年相比，威海市张村镇断面海水入侵距离有所增加，滨州市无棣县、沾化县、潍坊市寿光市、滨海经济技术开发区、寒亭区央子镇、昌邑市柳疃镇、卜庄镇西峰村、烟台市莱州市朱旺村、海庙村等断面海

---

① 山东省海洋与渔业厅：《2017 年山东省海洋环境状况公报》（2015－05－28），http：//www.hssd.gov.cn。

② 同上。

③ 同上。

水入侵距离基本稳定。

总之，山东半岛蓝色经济区沿岸排污口超标排放现象依然存在，面临着大量排入近海导致的陆源性污染、水产养殖缺乏规划的自源性污染、石油溢油事故造成的污染和海滩垃圾造成的污染，主要入海污染物为化学需氧量、氨氮、活性磷酸盐和悬浮物，部分排污口邻近海域水质劣于第四类海水水质标准；再加上海洋自然灾害，如绿潮、海冰、台风、风暴潮、海水入侵等影响，导致了海洋生态系统的恶化，同时，又进一步加剧了海洋灾害的发生，从而山东半岛蓝色经济区海洋生态环境脆弱，海洋环境保护工作任重而道远。

二 山东半岛蓝色经济区海岸带湿地生态破坏严重

（一）海岸带湿地的作用

在山东半岛沿海，尤其是黄河三角洲地区，有着大面积的湿地，这些湿地对海洋生态环境起着重要的作用。首先，它可以涵养水源，也能防洪和防沙化，还能吸取营养物质等沉积物，起到有效改善海洋生态环境污染的作用；其次，它可以缓解温室效应，保护海岸环境，提供便捷的运输方式等；最后，它可以为人类提供食品和能源、原料和旅游场所等。因此，湿地的存在对于海洋生态环境的改善和人类的生存发展至关重要。[①]

（二）海岸带湿地生态破坏严重

伴随着城市化进程的加快，大量的海岸带湿地被侵占使用，沿海的海洋生态环境面临着严重威胁和不利局面。其主要原因是对湿地的掠夺性、盲目性、无序性、不合理使用，再加上没有长远意识和生态环境保护的措施，从而导致海岸带的湿地面积大幅度减少，生态急剧恶化，环境质量明显下降。[②] 可见，以上现实问题都导致了山东半岛蓝色经济区海洋生态自然环境十分脆弱。

---

① 蔡志勇：《湿地公园建设对环境的保护作用——兼论溱湖国家湿地公园的建设思路》，《中国园艺文摘》2010 年第 7 期。

② 兰婧、刘洪鹏、吴靖：《保护海洋环境　发展蓝色经济提升城市品牌》，《中国科技信息》2011 年第 4 期。

三　蓝色经济区部分海洋资源利用方式不合理而面临枯竭

（一）山东半岛蓝色经济区资源利用方式不合理①

虽然2011年山东海洋经济总产值8300亿元，比2010年增长16%；水产品产量664.4万吨，比2010年增长2.8%；渔民人均纯收入11387元，比2010年增长9.3%。但与沿海其他省份相比，山东半岛蓝色经济区海洋产业结构层次偏低、高新技术产业和新兴产业所占比重低。

1. 山东半岛蓝色经济区海洋产业结构明显失衡，渔业和养殖业等第一产业比重较大，而采掘业、交通运输业、水产品加工业，以及近海旅游业等占比较小。②

2. 山东半岛蓝色经济区海洋资源综合利用和多层次利用严重不足，将导致资源性产业在其发展过程中遭遇资源匮乏的困扰，如因过度捕捞导致近海渔业资源严重衰退。

3. 山东半岛蓝色经济区海洋资源所有权模糊甚至不明确，随意掠夺性使用宝贵海洋资源和能源的短期行为较为严重，这样就必然造成了高排放、高能耗、高污染和低附加值，以及海洋生态环境的恶化和面临的威胁。③

（二）山东半岛蓝色经济区部分海洋资源面临枯竭

山东近海有丰富的海洋资源，但是由于缺乏保护，使得部分海洋资源面临枯竭。渔业资源由于长期重捕捞轻养护，致使优质渔业资源趋于过度利用或严重衰退状态。据统计，近海43种主要捕捞品种中有33种严重衰退或过度利用，两者合计占主要捕捞品种的78%。一是在底层鱼类资源中，带鱼、小黄鱼、鳕鱼、真鲷、短鳍红娘鱼等资源已严重衰退，鲆鲽类、梅童、黄姑鱼、叫姑、白姑、东方鱼屯、海鳗、绵鲫、鱼甬鱼、马面鱼屯、蛇鱼甾、梭鱼、鱼喜鱼、鱼安鱼康等处于过度利用状态。二

---

① 刘勇等：《山东半岛蓝色经济区建设的关键问题研究》，中国社会科学出版社2013年版，第121页。

② 李军：《山东半岛蓝色经济区海陆资源开发战略研究》，《中国人口·资源与环境》2010年第12期。

③ 同上。

是在中上层鱼类资源中，太平洋鲱鱼和鳓鱼严重衰退，鲅鱼等已过度利用。三是在贝类资源中，毛蚶严重衰退，魁蚶、文蛤过度利用。上述鱼种的严重衰退，导致生物结构发生变化。[①]

综上所述，山东半岛蓝色经济区海洋经济层次较低，第一产业较侧重于如渔业及其他养殖业，而水产加工业，海洋矿业等发展相对不足，海洋资源远远未能达到多层次综合利用，这样发展下去必将导致资源型产业在其发展过程中遭遇资源匮乏的困扰，山东半岛蓝色经济区近海渔业资源的严重衰退，生物多样性削减，就是因为过度的捕捞行为和不良的排污行为造成的。因此，山东半岛蓝色经济区海洋资源保护和利用迫在眉睫，这也为海洋生态文化全新理念的出现奠定了基础。

第二节 经济发展和人类生活方式的转变要求海洋生态文化出现

推进海洋经济发展方式从资源依赖型向技术带动型转变、从数量增长型向质量效益型转变，以及人类生活方式向自觉遵循自然规律，开发、利用并保护海洋思想转变的要求，让整个社会和人类自觉或不自觉地容纳和接受海洋生态文化这一全新的概念。这就使海洋生态文化成为社会和人类的现实需要和客观要求。[②]

一 海洋生态文化是推进海洋经济发展方式转变的现实需要[③]

（一）山东半岛蓝色经济区亟须海洋经济发展方式转变

山东半岛蓝色经济区陆海污染严重、重点海域生态系统功能亟须恢复、海洋资源无序开发利用、海岸带和海岛的海洋生态环境需要加以保

① 刘勇等：《山东半岛蓝色经济区建设的关键问题研究》，中国社会科学出版社 2013 年版，第 120—121 页。

② 刘勇、刘秀香：《对我国海洋生态文化建设问题的思考》，《福建江夏学院学报》2013 年第 4 期。

③ 于鹏、董燕：《浅议山东半岛蓝色经济区海洋经济的可持续发展》，《中国证券期货》2011 年第 8 期。

护，特别是山东半岛蓝色经济区的海洋产业结构明显失衡，渔业和养殖业等第一产业比重较大，而采掘业、交通运输业、水产品加工业，以及近海旅游业等占比较小，特别是新兴海洋文化产业、涉海金融等服务业发展缓慢[①]；同时，由于忽视循环经济的作用，使得海洋资源综合利用和多层次利用严重不足，从而导致资源性产业在其发展过程中遭遇资源匮乏的困扰，比如，因过度捕捞导致近海渔业资源严重衰退；海洋资源所有权权属观念模糊，任意占用海洋资源的短期掠夺性开发行为严重，加剧了资源的过度消耗及海洋生态环境的恶化。这也给山东半岛蓝色经济区海洋生态环境保护和建设带来了更大难度。[②]

（二）海洋生态文化是实现海洋经济发展方式转变的现实需要

胡锦涛同志在党的十八大报告中提出了“建设海洋强国”[③] 的战略部署，山东半岛蓝色经济区正处于海洋经济发展方式转变和绿色低碳循环发展的关键时期，不平衡、不协调和不可持续的问题较为突出，海洋经济高质量和新旧动能转换，以及经济发展方式转变已迫在眉睫。这就需要新的文化形式出现，引领和推进山东半岛蓝色经济区向绿色低碳循环生产方式转变，通过合理规划海洋产业布局，实现海洋经济可持续发展，使海岸带沿海经济区和内陆区相互依托、优势互补、协同发展[④]从而在整个区域范围内建立一个立体的产业集群，实现山东半岛蓝色经济区的可持续发展。正如习近平同志所指出的“在我们这个13亿多人口的最大发展中国家推进生态文明建设，建成富强民主文明和谐美丽的社会主义现代化强国，其影响将是世界性的”[⑤]。可见，实现海洋经济发展方式从资源依赖型向技术带动型转变、从数量增长型向质量效益型转变的迫切要

---

① 李军：《山东半岛蓝色经济区海陆资源开发战略研究》，《中国人口·资源与环境》2010年第12期。

② 刘勇、刘秀香：《浅谈山东半岛蓝色经济区海洋生态文明建设》，《潍坊学院学报》2013年第5期。

③ 胡锦涛：《坚定不移沿着中国特色社会主义道路前进　为全面建成小康社会而奋斗——在中国共产党第十八次全国代表大会上的报告》，《人民日报》2012年11月18日第1版。

④ 隋映辉、于喜展：《蓝色经济区：青岛产业转型模式、路径与重点》，《发展研究》2011年第4期。

⑤ 习近平：《推动我国生态文明建设迈上新台阶》，《奋斗》2019年第3期。

求，使得海洋生态文化出现已成为发展必然，海洋经济发展方式的转变要求是海洋生态文化产生的现实需要。

二 海洋生态文化是人类生活方式和思维方式转变的客观要求

（一）生产方式的转变要求生活方式和思维方式随之改变

沿海地带有着得天独厚的自然条件，适合人们居住及大力发展海洋经济。当今世界许多发达国家已经历了由大陆经济向海洋经济的转型。人类趋海活动已较为普遍，但正如前所述，由于生产或发展方式是一种资源依赖型和数量增长型，人类对海洋资源宝库采取的是掠夺使用。这就必然出现把海洋当作垃圾场，不断随意地往海洋倾废，一是造成山东半岛蓝色经济区近岸海域水质状况十分严峻，海水水质富营养化较为严重，海水中营养盐结构失衡、赤潮危害不断增加、生物多样性偏低；加快海水养殖业发展的同时，清池、投饵、施肥等海洋生产作业势必造成海水水质的恶化；由于城市化进程加快，导致海岸带湿地面积减少，质量下降，部分滩涂湿地生态功能消失，沿海生态环境严重恶化[①]。二是由于石油污染主要包括海上石油开采、油船泄漏、陆上油田废水和落地油流向海排放；石油污染在部分海区形成油膜，严重阻碍浮游生物的光合作用，将大大降低水域初级生产力和水中溶解氧的含量。一旦出现石油泄漏将会对山东半岛蓝色经济区海洋环境造成毁灭性的打击。[②] 三是虽然山东半岛蓝色经济区近海有丰富的海洋资源，但是由于缺乏保护，使得部分海洋资源面临枯竭。渔业资源由于长期重捕捞轻养护，致使优质渔业资源趋于过度利用或严重衰退状态。[③] 总之，由于忽视循环经济的作用，使得海洋资源综合利用和多层次利用严重不足，从而导致资源性产业在其发展过程中遭遇资源匮乏的困扰，比如因过度捕捞导致近海渔业资源严重衰退；海洋资源所有权权属观念模糊，任意占用海洋资源的短期掠夺性开发行为严重，加剧了资源的过度消耗及海洋生态环境的恶化。

---

① 刘勇、刘秀香：《浅谈山东半岛蓝色经济区海洋生态文明建设》，《潍坊学院学报》2013年第5期。

② 同上。

③ 同上。

这也给山东半岛蓝色经济区海洋生态环境保护和建设带来了更大难度。[①]党的十八大提出“加快形成新的经济发展方式，把推动发展的立足点转到提高质量和效益上来”[②]。而要实现海洋经济发展方式的转变，必须要有新的价值观、伦理观、生产和活动方式，以及思维方式为指导，这就为我国发展海洋生态文化这一新的文化形式提供了有利条件。[③] 同时，加快经济发展方式的转变也是实现山东半岛蓝色经济区人们生活方式和思维方式的关键和迫切要求。

（二）海洋生态文化是实现人类生活方式和思维方式转变的客观要求

习近平同志指出：“要倡导简约适度、绿色低碳的生活方式，反对奢侈浪费和不合理消费。通过生活方式绿色革命，倒逼生产方式绿色转型。”[④]简约适度、绿色低碳的生活方式体现了生活形式上的简洁明快、消费方式上的合理有度、生活态度上的人与海洋和谐共生。它的精髓在于天人和谐共生的活法，形成契合美丽中国建设的生活态度、生活结构、生活秩序和生活风尚。这种生活方式是“生态兴则文明兴，生态衰则文明衰”思想的表现，它可以引导人们自觉地尊重海洋、顺应海洋和保护海洋。以社会主义生态文明观，推动形成人与海洋和谐发展，形成科学的海洋生态文化。

习近平同志明确指出：“杀鸡取卵、竭泽而渔的发展方式走到了尽头，顺应自然、保护生态的绿色发展昭示着未来。”[⑤] 科学的海洋生态文化特别关注人海之间的关系解释和处理，人与海洋之间的关系只有放在人们之间的社会关系中才可以获得科学、合理的解释。其根本就是人类对待海洋要有新的科学的思维方式，亦即坚持人类化解海洋生态危机的产生

---

① 刘勇、刘秀香：《浅谈山东半岛蓝色经济区海洋生态文明建设》，《潍坊学院学报》2013年第5期。

② 胡锦涛：《坚定不移沿着中国特色社会主义道路前进 为全面建成小康社会而奋斗——在中国共产党第十八次全国代表大会上的报告》，《人民日报》2012年11月18日第1版。

③ 刘勇、刘秀香：《对我国海洋生态文化建设问题的思考》，《福建江夏学院学报》2013年第4期。

④ 习近平：《推动我国生态文明建设迈上新台阶》，《奋斗》2019年第3期。

⑤ 新华社：《同筑生态文明之基 同走绿色发展之路》，《大众日报》2019年4月29日第1版。

以生态学方式、绿色低碳科学思维的方法论。只有这样，才能使海洋更蓝和人类更美，实现人与海洋和谐共生共融的美好和谐社会。可见，海洋生态文化是实现人类生活方式和思维方式转变的客观要求。

第三节 海洋生态文化的出现和发展是人类社会的现实选择

基于海洋生态环境面临的危机与保护，以及海洋经济发展方式和人类生活方式的转变两个方面客观现实的存在和发展，就为海洋生态文化的出现既提供了必要性，又提供了可能性。因而，海洋生态文化的出现和发展是社会和人类进步的现实选择。

一 历史长河里海洋在人类社会中的重要地位和作用

（一）海洋在人类社会历史中的重要地位和作用

我国是海洋大国，海洋是中华民族生存和发展的重要空间。在历史长河里，海洋在人类社会发展中有着极其重要的地位，发挥着十分重要的作用。人类文明的发展进程离不开海洋，也与海洋息息相关，因为海洋是地球的重要组成部分，陆海相通、陆海相连、陆海一体；人类社会无不时时处处充盈着海的气息，体现出海的特征。中国古代就有“孔子登东山而小鲁，登泰山而小天下。故观于海者难为水，游于圣人之门者难为言”[①] 的记载；明代永乐、宣德年间的郑和下西洋是15世纪末欧洲地理大发现的航行以前世界历史上规模最大的一系列海上探险。西方创造了古希腊、古罗马时期“地中海文明”“地中海繁荣”和近代的“大西洋文明”“大西洋繁荣”，促进了当时的欧洲商业发展和贸易往来，带来了经济发展的繁荣，给欧洲产业革命的出现提供了前提条件，加速了资本主义生产关系的形成与发展。[②]

---

① 杨伯峻译注：《孟子译注》，中华书局1960年版，第311页。

② 王诗成：《龙，将从海上腾飞——21世纪海洋战略构想》，青岛海洋大学出版社1997年版，第1—2页。

世人把21世纪当成是海洋世纪的思想意识越来越统一。全球现实而不容回避的问题是人口数量不断增加，生产资料和消费资料等物质资料和原材料日益缺乏，人类生存的生态环境正面临越来越大的威胁和压力。在这种情况下，沿海国家开始重视研究海洋、开发利用海洋、保护爱护海洋，推动了海洋经济的发展。人类社会发展的历史与现实都已证明海洋的重要性。海洋的地位和作用之所以重要，是因为海洋是一个资源、能源、新兴产业聚焦和兴起的战略要地。因此，我们应该进一步认识海洋的地位和作用，进一步树立尊重海洋、顺从海洋和爱护海洋的正确海洋观[①]。

（二）山东半岛蓝色经济区在海洋发展中的地位和作用

山东“海域面积与陆域面积相当，海洋资源丰度指数全国第一，海洋高级科技人才占全国的50%以上，2017年全省海洋生产总值达到1.48万亿元，约占全省GDP的20.4%，持续保持全国第二位……山东在海洋资源、海洋产业、海洋科技等方面优势突出，在海洋强国建设大局中地位举足轻重”[②]。“山东半岛是我国最大的半岛，海岸线长达3345公里，占全国的1/6，近海海域15万平方公里，与陆域面积基本相当。沿岸分布有200多个海湾，可建万吨级以上泊位的港址50多处，优质沙滩资源居全国前列；山东半岛还拥有500平方米以上的海岛326个，且多数处于未开发状态；海洋资源类型齐全，可用于开发建设的空间广阔。”[③] 山东半岛蓝色经济区海域面积广阔，沿海内水面积为5.26万平方公里，领海面积1.31万平方公里，海洋毗邻区面积1.52万平方公里，“专属经济区面积5.94万平方公里（其中包括毗邻区面积），总计山东海洋国土面积12.51万平方公里，约占中国海洋国土面积的4.2%”[④]。天然的优越条件，让山东半岛蓝色经济区拥有石油、天然气、海洋生物、矿产和海洋

---

① 崔凤：《海洋与社会协调发展：研究视角与存在问题》，《中国海洋大学学报》（社会科学版）2004年第6期。

② 王川、周艳：《向海图强，山东巨轮再起航》，《大众日报》2018年5月10日第1版。

③ 徐锦庚：《从陆域迈向海洋——解读〈山东半岛蓝色经济区发展规划〉》，《人民日报》2011年2月16日第21版。

④ 郭先登：《努力提高蓝色经济核心区建设水平》，《青岛日报》2011年2月19日第25版。

旅游等丰富的海洋资源优势。因此，山东半岛蓝色经济区在我国海洋经济社会发展中具有特殊地位，发挥着不可替代的作用。

二 海洋生态文化的出现和发展是人类社会的现实选择

在看到海洋在人类社会历史中的重要地位和作用，以及山东半岛蓝色经济区在我国海洋经济社会发展中具有特殊的地位，发挥着不可替代作用的同时，我们也不能回避矛盾，要正确认识和解决海洋出现的一系列问题。主要表现在山东半岛蓝色经济区海洋已受陆源污染的严重威胁致使山东半岛蓝色经济区海洋生态环境保护和建设难度加大、石油污染风险给山东半岛蓝色经济区海洋生态环境保护和建设带来了极大困难、部分渔业资源已开始枯竭导致海洋生物资源种群再生力下降、海洋生态灾害多发频发给恢复海域生态系统功能和改善海洋环境质量增加了难度、海洋资源利用方式不合理加剧了资源的过度消耗及海洋生态环境的恶化等海洋生态系统危机。这一危机根植于人类没有正确坚持海洋自然观、海洋整体论和海洋有机论的海洋观；没有正确坚持人与海洋的相互依存、共生共融、和谐发展、共同进化的认识论；没有正确坚持人类化解海洋生态危机的产生以生态学方式、绿色低碳科学思维的方法论；没有正确坚持尊重“海洋生命”的价值、生存、发展权利的价值观和伦理观；没有正确坚持自觉遵循自然规律，开发、利用并保护海洋的实践论；没有正确坚持世界生态文明治理、建设人类命运共同体的全球观。人类生存的海洋所面临的严重生态危机暴露出人与海洋之间关系的模糊性、扭曲性和错误性认识，造成了严重的人类社会问题。而要从根本上解决人海之间的矛盾，促进海洋绿色发展、低碳发展、循环发展和科学发展，就需要人类社会自己作出现实选择；唯一正确的选择就是科学的海洋生态文化引领，这是破解海洋生态危机的根本之策。

第五章

海洋生态文化出现的重大意义

我国海洋生态文化的出现和建设是社会主义文化建设的重要组成部分，是社会主义生态文化研究领域的前沿性、紧迫性、重点性问题。因此，当前加强海洋生态文化建设有重大的理论现实意义。

第一节　海洋生态文化的出现能够加深人们对海洋思想的理解和认识

海洋生态文化的出现和建设，不但会丰富海洋生态建设的理论宝库，而且为深化海洋生态文明建设提供理论支撑，为建设和谐蓝色海洋奠定理论基础，有助于加深人们对马克思主义关于海洋思想的理解；同时，还可以帮助人们树立海洋生态文明观，形成尊重海洋、热爱海洋、保护海洋、建设美丽海洋的理念，提高人们对海洋资源节约、海洋环境保护的文化自觉，有利于深化人们对马克思主义关于人与海洋关系的认识。[①]

一　海洋生态文化的出现和建设丰富了海洋生态建设的理论宝库

伍业锋在《海洋经济：概念、特征及发展路径》一文中提出：2003年5月国务院发布的《全国海洋经济发展规划纲要》认为“海洋经济是开发利用海洋的各类海洋产业及相关经济活动的总和。[②] 而海洋产业是海

① 刘勇、刘秀香：《对我国海洋生态文化建设问题的思考》，《福建江夏学院学报》2013年第4期。

② 伍业锋：《海洋经济：概念、特征及发展路径》，《产经评论》2010年第3期。

洋经济的载体和支撑，也是对海洋资源使用而形成的产业门类。因此，海洋资源通过海洋产业的发展进而转化为海洋经济。海洋经济、海洋产业和海洋资源三者紧密联系、相互依存、相互促进、相互影响，共同发展提高。海洋经济理论则是海洋经济、海洋产业和海洋资源在具体发展实践中的总结提炼。其具体有经济发展新空间、海洋经济可持续发展[①]和海洋权利及其保护制度等方面的理论。

（一）海洋成为经济发展新空间[②]

人类出现后，人与自然就共同组成了一个有机整体，形成了人与海洋之间的关系。在人海系统中，海洋给人类提供了资源、能源和消费品等生产资料和消费资料组成的物质资料。长期以来，由于人类对陆地的掠夺性开发利用导致资源越来越少，在陆地上拓展生存的空间越来越小，致使人类赖以生存和发展遇到了越来越多的矛盾、困难和问题。海洋则相反，人类可以利用的资源、能源和消费品等，特别是可以利用的空间余地还很大。可见，21 世纪人类所需的绝大部分物质资料都将来自海洋。海洋经济发展的现状，以及海洋经济显示着越来越强劲的发展势头和越来越重要的地位作用，充分证明海洋经济将成为全球经济发展的未来和希望，海洋也必将成为经济发展的新空间。[③]

（二）海洋经济可持续发展

徐杏在《海洋经济理论的发展与我国的对策》一文中写道：《21 世纪议程》强调海洋是全球生命保障系统的基础组成部分，是人类可持续发展的重要财富。《联合国海洋法公约》的生效对海岸带、近海、国家管辖海域以至公海和深海大洋的环境保护作了详尽规定，[④] 并提出利用海洋，解决全球可持续发展的战略。第 49 届联合国大会又专门强调海洋对

---

① 徐杏：《海洋经济理论的发展与我国的对策》，《海洋开发与管理》2002 年第 2 期。

② 罗刚：《把握海洋空间特质深入参与全球海洋治理》，《中国海洋报》2018 年 9 月 13 日第 2 版。

③ 刘勇等：《山东半岛蓝色经济区建设的关键问题研究》，中国社会科学出版社 2013 年版，第 11—12 页。

④ 徐杏：《海洋经济理论的发展与我国的对策》，《海洋开发与管理》2002 年第 2 期。

全球海洋生态环境建设和海洋的永续发展起着越来越重要的地位和作用。[①]

（三）海洋权利及其保护制度

人类要想经略海洋必须拥有海洋权力并对其进行保护，谁真正拥有了海洋控制权，谁就拥有了海洋开发、利用、保护的权力，也就意味着拥有了海洋安全、海洋资源、海上通道、海洋财富、海洋技术、海洋经济发展等。因为海洋是一个除了陆地之外难得的聚宝盆。

海洋的特殊性决定了海洋权利和保护非常重要，如果没有明确的海洋产权用其保护制度，海洋安全、海洋资源、海上通道、海洋财富、海洋经济发展等就难以被有效保护，海洋经济也难以发展。第三次联合国海洋法会议通过的《联合国海洋法公约》（以下简称《公约》）对建立新的国际海洋秩序起到了十分重要的作用：一是规定了12海里领海制度；二是建立了200海里专属经济区制度；三是确立了国家管辖海域以外的国际海底及其资源由人类共同开发、共同利用和财产共同继承的原则。海洋新秩序的建立并没有完全解决世界各国对海域的划界纠纷，反而使得这种纠纷愈演愈烈。他们为了发展自己的海洋经济，必须要维护自己的海洋权，人类海洋斗争的核心问题是海权问题。海洋权既是一个国家主权完整和核心利益的体现，也直接关系着国家的海洋战略安全。[②] 而只有拥有强大的海军，才能国运昌盛，才能在战争中立于不败之地，也才能保证国家海洋安全和经济发展。

二　为深化海洋生态文明与和谐蓝色海洋建设提供理论支撑和基础

（一）是山东半岛蓝色经济区海洋生态文明建设持续发展的必然要求

2001年，联合国正式文件中首次提出了“21世纪是海洋世纪”的论断。[③] 人类处于“太平洋时代”[④]，而当前为了缓解人口、资源、环境三大危机，开发利用海洋已成为世界各国的共识，海洋将成为国际竞争的

---

① 徐杏：《海洋经济理论的发展与我国的对策》，《海洋开发与管理》2002年第2期。

② 同上。

③ 同上。

④ 王逸舟：《论“太平洋时代”》，《太平洋学报》1994年第1期。

主要领域，海洋经济正在并将继续成为全球经济新增长极。为了迎接和应对高新技术引导下的海洋经济竞争，促进山东半岛蓝色经济区海洋事业高质量发展，必须以海洋生态文化为引领，维护海洋生态平衡，建设海洋生态文明与和谐蓝色海洋，从而为山东半岛蓝色经济区海洋生态文明建设可持续发展提供理论支撑。[①]

（二）是山东半岛蓝色经济区海洋生态文明建设科学发展的基本要求

随着海洋经济和现代科技的快速发展，人类不断拓展对海洋的开发和利用，致使人类面对的海洋问题日益增多，从而由海洋系统导致复杂的生态大系统内部的不确定性、随机性剧增。为了解决当前我国海洋经济发展中存在的开发、利用和保护，以及资源、环境和经济发展的矛盾，必须以科学的海洋生态文化为引领，加强山东半岛蓝色经济区海洋生态文明建设，打造和谐美丽海洋，实现人海共生共融，互利共赢和可持续发展。[②]

（三）是山东半岛蓝色经济区海洋生态文明建设协调发展的内在要求

海洋生态文明是人们在与海洋交往互动过程中形成的价值观念、活动方式、精神状态及思维方式等。其内在要求是：在海洋观上，坚持海洋自然观、海洋整体论和海洋有机论；在认识论上，坚持人与海洋的和谐发展、共同进化；在价值观上，强调尊重“海洋生命”的价值、生存和发展的权利。可见，人与海洋都是平等的，需要相互尊重。人类只有在与海洋和谐相处的前提下，才能获得可持续的利益。[③]

三 有利于加深人们对马克思主义关于海洋思想的认识和理解

（一）马克思与恩格斯的海洋观建立在马克思主义世界历史观基础之上

马克思指出：“各个相互影响的活动范围在这个发展进程中越是扩大，各民族的原始封闭状态由于日益完善的生产方式、交往以及因交往而自

---

① 刘勇、刘秀香：《浅谈山东半岛蓝色经济区海洋生态文明建设》，《潍坊学院学报》2013年第5期。

② 同上。

③ 同上。

然形成的不同民族之间的分工消灭得越是彻底，历史也就越是成为世界历史。”[①] 这是马克思的世界历史发展观。他又进一步分析：“资产阶级，由于开拓了世界市场，使一切国家的生产和消费都成为世界性的了……物质的生产是如此，精神的生产也是如此，各民族的精神产品成了公共的财产。”[②]“世界市场使商业、航海业和陆路交通得到了巨大的发展。这种发展又反过来促进了工业的扩展……把中世纪遗留下来的一切阶级排挤到后面去。”[③] 根据马克思的以上论述，我们可以看出他把“资本”“世界市场”“海洋”融入了世界历史发展中，因而，马克思与恩格斯的海洋观建立在马克思主义深厚的世界历史理论基础之上。[④]

（二）马克思与恩格斯海洋观的主题是海洋与国家命运的关系

恩格斯深刻揭示了通过海洋寻找新的发展空间既是资本主义取代封建社会的现实需要，也是资本原始积累的必然要求。他明确指出：“在15世纪末……而且，航海业是确确实实的资产阶级的行业，这一行业也在所有现代的舰队上打上了自己的反封建性质的烙印。”[⑤] 他又进一步分析道：“某种程度的世界贸易发展起来了。……贵族越来越成为多余并且阻碍着发展，而城市市民却成为体现着进一步发展生产、贸易、教育、社会制度和政治制度的阶级了。”[⑥]

可见，当时的意大利、荷兰、英国，为了劫掠海洋资源，拓展空间，扩大海外贸易，都千方百计通过提高海军实力争夺海上和海外经济贸易权。以上国家无论从主观上，还是客观上都表现出他们受政治经济社会文化影响、航路的选择，甚至不择手段进行侵略和劫掠等，从而为实现不纯洁的目的创造着必备的各种条件。当然，不同国家的主观想法和客观条件的形成也不尽相同，这样，不同国家的国家命运和海洋的关系自

---

① 《马克思恩格斯选集》（第1卷），人民出版社1995年版，第88页。

② 《马克思恩格斯文集》（第2卷），人民出版社2009年版，第35页。

③ 同上书，第32页。

④ 王小龙：《马克思视阈下的“太平洋时代”——兼论“太平洋时代”和“中国梦”的实现》，《太平洋学报》2014年第7期。

⑤ 《马克思恩格斯全集》，人民出版社1957年版，第450页。

⑥ 《马克思恩格斯文集》（第4卷），人民出版社2009年版，第215—225页。

然就会有不同的结果。

恩格斯曾谈道“自从世界贸易的航路通过海洋以来，自从轮船横渡地中海以来，意大利就被遗忘了。”[①] 马克思认为：“15世纪末，威尼斯好像在地理上改变了位置。随着绕道好望角的航路的发现，亚洲贸易的中心起初转移到里斯本，然后转移到荷兰，最后转移到英国，而威尼斯也就跟着失去与当时的亚洲贸易中心君士坦丁堡和亚历山大里亚为邻的优越性了。”[②] 相反，威尼斯的“的里雅斯特为它背后的那些广大而富庶的地区的贸易提供了一个天然出口……这是所有海上霸主的共同命运。……荷兰这样为英国的强大奠定了基础；英国又这样造成了美国的强盛”[③]。“纽约已经成为整个大西洋航运业的中心；太平洋上的所有船只也都属于纽约各公司，几乎所有这方面的设计都出自纽约。”[④] 从以上马克思、恩格斯的记述分析来看，海洋对于世界各国的经济发展十分重要，有着举足轻重的影响。

海洋对于任何一个国家的军事安全都是十分重要的，正如马克思所指出的“海战的性质则排除了这种界限，因为作为各国共有的大道的海洋是不能处于任何中立国主权之下的”[⑤]。恩格斯认为，近代以后，“展现在一切海洋国家面前的殖民事业的时代，也就是建立庞大的海军来保护刚刚开辟的殖民地以及与殖民地的贸易的时代。从此便开始了一个海战比以往任何时候更加频繁、海军武器的发展比以往任何时候更有成效的时期”[⑥]。

综上所述，马克思主义关于海洋的思想主要体现在五个方面：一是海洋是一个时空范畴，[⑦] 在内容上涵盖了海洋安全、海洋资源、海洋能源、海上通道、海洋财富、海洋技术、海洋经济发展等多个方面；二是

---

① 《马克思恩格斯全集》（第5卷），人民出版社1958年版，第549页。

② 同上。

③ 《马克思恩格斯全集》（第12卷），人民出版社1962年版，第90—103页。

④ 《马克思恩格斯全集》（第10卷），人民出版社1998年版，第591—592页。

⑤ 《马克思恩格斯全集》（第15卷），人民出版社1963年版，第451—452页。

⑥ 《马克思恩格斯全集》（第14卷），人民出版社1964年版，第382—384页。

⑦ 王小龙：《马克思与恩格斯的海洋观：世界历史中的海洋与国运》，《太平洋学报》2015年第7期。

生产力的发展和资本主义工业革命的出现促进了海洋的开发；三是新航线的开辟加速了世界市场的形成；四是马克思主义关于海洋的思想体现了“海权兴则国家兴”的基本历史规律，因此，人类要重视海洋、尊重海洋、爱护海洋；五是海洋经济的发展状态和海军力量的大小强弱直接关系着国家的前途命运。

总之，海洋生态文化的出现和建设既能够对海洋生态建设不断继承，又丰富发展了海洋生态建设的理论宝库，为深化海洋生态文明与和谐蓝色海洋建设提供理论支撑和基础；同时，也有利于加深人们对海洋观建立在世界历史观基础之上、海洋观的主题是海洋与国家命运的关系等马克思主义关于海洋思想的认识和理解。因此，具有十分重大的意义。

第二节　海洋生态文化的建设能够丰富社会主义文化建设理论体系

海洋生态文化的出现，标志着人类对待蓝色海洋思维方式的重大转变，也标志着人类化解海洋生态危机新方法论的产生，使人类对海洋的开发、利用和保护方式朝着生态化的方向创新发展。因此，海洋生态文化建设可以帮助人们逐步形成新的价值观、伦理观、思维方式，以及生产和生活方式等，这将进一步发展海洋文化、生态文化和海洋生态文明研究成果，丰富社会主义文化建设理论体系。①

一　海洋生态文化的出现和建设将进一步发展海洋文化的研究成果

普列汉诺夫曾指出，人与自然的关系“是随着我们自己对自然界态度的改变而改变的，而我们自己对自然界的态度是由我们的（即社会的）文化发展进程所决定的。在社会发展的各个不同时代，人从自然界获得各种不同的印象，因为他是用各种不同的观点来观察自然界的”②。这就

① 刘勇、刘秀香：《对我国海洋生态文化建设问题的思考》，《福建江夏学院学报》2013 年第 4 期。

② ［俄］普列汉诺夫：《论艺术》，生活·读书·新知三联书店 1973 年版，第 29 页。

揭示了人类与自然之间的关系。海洋作为自然的组成部分，也需要处理好人海之间的关系，以及海洋文化研究成果。纵观整个世界海洋发展史，海洋文化的发展根据人类社会的更替和历史发展的进程大致经历了原始蒙昧的神话海洋文化、古希腊想象或抽象的海洋文化、古罗马和中世纪超自然海洋文化、近代西方“人类中心主义”的海洋文化和现代先进的海洋文化等演进过程，构成了丰富的海洋文化逻辑发展体系，形成了博大精深的海洋文化宝库。

（一）原始蒙昧的神话海洋文化

生产力和生产关系是推动人类社会向前发展的基本动力并形成一定社会的生产方式；生产关系的总和构成一定社会的经济基础，经济基础与上层建筑的矛盾运动构成一定的社会形态，这是马克思主义的基本原理。在生产力水平极其低下的原始社会，人类对海洋的心态只能是畏惧并奉之为神灵，甚至神化海洋予以崇拜，否则，人类可能就生存不下来。正如马克思所指出的：“自然界起初是作为一种完全异己的，有无限威力的和不可制伏的力量与人们对立的，人们同它的关系完全好像动物同它的关系一样，人们就像畜生一样服从它的权力，因而，这是对自然界的一种纯粹动物式的意识（自然宗教）。”[①] 他又进一步分析“任何神话都是用想象和借助想象以征服自然力，支配自然力加以形象化”[②]。由此可见，这种原始蒙昧的神话海洋文化既体现了人对海洋的敬畏无知，也表现出人对海洋的顺从依附。

（二）古希腊想象或抽象的海洋文化

随着生产力的向前发展和人对海洋的不断认识，古希腊想象或抽象的海洋文化开始出现。它的出现并非偶然，这与其地理位置，特别是生产力发展水平对生产关系、上层建筑的影响，以及哲学思想影响至关重要。这让古希腊海洋文化在很短的时期内从蒙昧跨越了野蛮迈向了海洋文明，逐步形成了勇于冒险、开放进取的海洋文化特征。

---

① 《马克思恩格斯选集》（第 1 卷），人民出版社 1972 年版，第 35 页。

② 《马克思恩格斯选集》（第 2 卷），人民出版社 1972 年版，第 113 页。

（三）古罗马和中世纪超自然海洋文化

人类社会不断向前发展的规律是不以人的意志为转移的，海洋文化作为人类社会的组成部分也不例外。古罗马和中世纪超自然海洋文化取代古希腊想象或抽象的海洋文化是历史发展的趋势，也是海洋文化发展的必然。古罗马和中世纪超自然的海洋文化特征是以宗教神学为核心的，遵循拟人和超自然"人类中心主义"的思想，严重背离了人海和谐共处关系。

（四）近代西方"人类中心主义"的海洋文化

近代资本主义生产关系取代了封建主义生产关系。文艺复兴是对人的解放，也让人能够充分发挥自己的主观能动性。"改天换地""征服自然"，挣脱自然对人类的束缚，不做自然的奴隶，而要做自然的主人，是近代西方以"人类中心主义"生态观的哲学思想核心和生态文化核心，也是近代"人类中心主义"的海洋文化的核心。虽然近代人类创造了空前未有的海洋文化的物质和精神财富，但是却夸大了人的主观能动性，客观上助长了人类对海洋的征服、劫掠、改造和疯狂索取，形成人海对立的海洋文化。这就产生了西方社会海洋生态危机的文化根源。

（五）现代先进的海洋文化

面对人类对海洋的征服、劫掠、改造和疯狂索取，导致陆源污染、石油污染、部分渔业资源已开始枯竭、海洋生态灾害多发频发、海洋资源利用方式不合理、资源的过度消耗等加剧了海洋生态环境的恶化，造成海洋生态系统危机。如何解决以上海洋存在的危机和威胁，就需要以马克思主义关于人与海洋的思想为指导，建设先进的海洋文化。从而，促进整个海洋的绿色低碳循环和可持续发展。

二　海洋生态文化的出现和建设将进一步发展生态文化的研究成果

生态文化包含了中国古代朴素的生态文化、西方近代以"人类中心主义"生态观为核心的生态文化、科学的生态文化三个阶段丰富而又博大精深的内容。这对于我们理解和把握海洋生态文化提供了重要前提和理论基础；海洋生态文化的出现又反过来进一步发展了生态文化的研究成果。

（一）中国古代朴素的生态文化

主要包括中国古代朴素生态文化之诸子百家生态思想和中国古代朴素生态文化之中国佛教生态思想。中国古代朴素生态文化之诸子百家生态思想又包含“天人合一”、和谐相处发展和统一的儒家自然观、“道法自然”[①] 以达“天地之大美”[②] 的道家生态观、“人与天调”[③] 的法家社会可持续发展生态价值观；中国古代朴素生态文化之中国佛教生态思想由“尸毗贷鸽、众生平等”[④] 世界一切生命体的平等博爱观、“万物一体、依正不二”[⑤] 人与自然关系难分的整体观组成。

1. 我国“天人合一”、和谐相处发展和统一的儒家自然观主张天、地、人三者的和谐统一，既尊重自然环境又推崇人类学会利用自然为自己造福，从而使人与自然得以和谐相处和发展。

2. “道法自然”以达“天地之大美”的道家生态观则认为，世间万物从“道”中产生，万物生存的基础也即此，天、地、人、道都是按其本身不可改变的规律存在的，世间万物有其约束，往往不是随心所欲放任混乱的，自然的产生与发展存在着特有的秩序，因此在其中活动的人类同样应当遵循其一定的规律和法则；反对自然界高低贵贱之分，反对人类把自已看作自然界的中心骄傲自大的心理，在他眼里万物皆平等，人类也是自然界中的一部分，理所应当的应充分尊重自然界其他的生命体，只有投身于大自然的广阔怀抱与大自然融为一体，才能真正体会到所谓的真善美，进而真正学会热爱自然、尊重自然、与自然共生共荣、和谐相处。

3. “人与天调”的法家社会可持续发展生态价值观体现了自然界的所有事物之间都有着千丝万缕割舍不掉的联系，人们在做事的时候就必然要以自然规律为基准；在突出人类的独立性和能动性的前提下，特别

---

① 参见徐澍、刘浩注释《道德经》，安徽人民出版社 1990 年版，第 71 页。

② 参见时金科《道解庄子》，中央编译出版社 2015 年版，第 379 页。

③ 参见王辉《“人与天调”——〈管子〉生态伦理思想及其现代意蕴》，《天府新论》2010 年第 2 期。

④ 参见林伟《佛教“众生”概念及其生态伦理意义》，《学术研究》2007 年第 12 期。

⑤ 同上。

强调人主动与自然界相协调配合。这样明确了“人”与“天”的主次关系并和谐相调以求社会的可持续发展。

4. “尸毗贷鸽、众生平等”世界一切生命体的平等博爱观，力争破除人类中心主义的狂妄自大，推崇众生平等、博爱万物的观念，认为人类和其他一切有生命的植物和动物一样无高低贵贱且无比宝贵，人类尽管可以因为其思维能力的突出高超而成为自然体生命界有优势有独特意志的主体，但是却并不能因此而伤害其他生物，世界上所有的存在物都是有真性情的。

5. “万物一体、依正不二”人与自然关系难分的整体观，认为各自然事物个体与整个生态环境作为同一整体难以分割，人与自然的关系在佛教看来如同水草与水塘互不分离，一切生命都不能脱离自然界而存在。

（二）西方近代以“人类中心主义”生态观为核心的生态文化

它经历了古希腊想象或抽象的“人类中心主义”生态文化、中世纪神学目的论的“人类中心主义”生态文化和西方近代以“人类中心主义”生态观为核心的生态文化三个发展阶段。

1. 古希腊想象或抽象的“人类中心主义”生态文化将“人类中心主义”这个想象或抽象概念是在生物学意义上使用的，想象或抽象“人类中心主义”隐含了“人类中心主义”思想和价值观的萌芽。

2. 中世纪神学目的论的“人类中心主义”生态文化认为人类不仅从“本体”和“目的”的意义来看，而且在空间和方位上均处于宇宙的中心，从而形成了中世纪神学拟人和超自然“人类中心主义”的思想，它并非只是神学中心论，它也是人类中心论。

3. 西方近代以“人类中心主义”生态观为核心的生态文化的实质就是靠知识和科学征服自然，只有人类社会历史发展，特别是人的问题能够得以合理解决，人与自然之间的关系问题才能很好地解决。

（三）科学的生态文化

世界进入新的发展阶段，开始出现“非人类中心主义”为核心的生态文化、“现代人类中心主义”为核心的生态文化、“生态马克思主义”为核心的生态文化和科学的生态文化。

1. “非人类中心主义”为核心的生态文化依次分为“感觉中心主义”

为核心的生态文化、“生物（生命）中心主义”为核心的生态文化和“生态中心主义”为核心的生态文化三种不同类型。

（1）“感觉中心主义”为核心的生态文化主张把道德关怀的对象从人类扩大到人类以外的能感觉的动物。主要包括动物解放论为核心的生态文化和动物权利论为核心的生态文化。前者要求人类要用人道的原则，关心善待动物，实现动物解放；后者揭示了人对动物应负有的义务和责任，它比动物解放论又前进了一大步。

（2）“生物（生命）中心主义”为核心的生态文化将“价值”和“权利”的理念拓展到整个生态系统的有机生命体。主要包括敬畏珍视生命论和尊重爱护自然论。前者认为在生命面前抱持谦恭和敬畏之意，要敬畏人的生命，也要敬畏一切生物的生命。后者则强调世界上万事万物所有生命体都是绝对平等的。

（3）“生态中心主义”为核心的生态文化奉行自然环境生态学的原则，关注全球并承认万事万物的共生共融、协同发展，将道德伦理观念扩展至万事万物和整个全球。主要包括大地伦理思想、自然生态价值论和深层生态思想。大地伦理思想所表述的道德关怀对象由生物扩大到生态整体，并要求人类保护生态系统、生物物种和全球完整无损。自然生态价值论要求人类必须尊重自然道德、热爱自然生命、呵护自然价值，自觉遵循自然生态规律，真正谋求和正确处理所有生命和非生命存在物的关系，亦即人与自然的关系。深层生态思想体现了以整个自然界及其存在物（包括人类）的利益为目标的价值伦理。

2. “现代人类中心主义”为核心的生态文化认为人的理性和利益是有道德和价值的，人类也应有对待生态自然的道德观和价值观。包括以帕斯莫尔为代表的“开明的人类中心主义”、以诺顿为代表的“弱化人类中心主义”和以墨迪为代表的“现代人类中心主义”。

（1）以帕斯莫尔为代表的“开明的人类中心主义”认为，人类具有生态自然环境的改造者和管理者双重身份的职责。真正扮演好双重身份的角色，从而让生态自然环境得以保护和可持续发展，朝着有利于人类社会生存和发展有益的方向不断前进。

（2）以诺顿为代表的“弱化人类中心主义”思想特别提出对没有生

态意识并随意损坏大自然生态系统和环境的行为进行舆论上的监督批评，督促他们及时改正错误思想和行为，真正能够从根源上抑制对自然环境的肆意劫掠性使用，保证生态环境的修复和恢复，为人类造福。

（3）以墨迪为代表的“现代人类中心主义”认为，当前的生态环境问题是人类不能回避必须要面对的现实问题，这一现实问题出现的根源主要在于人口的无计划生产和缺乏对自然规律的认识利用。但是，人非同于其他动物，除了具有语言表达、文字表述、系统思维认识世界等能力之外，还具有改变世界的主观能动性和发现世界运动发展的规律性等非凡的能力。因此，人类随着时间的推移能够主动发现自己行为造成的结果正确与否，并能够主动纠正错误、改正错误，找出人与自然共生共融协同发展的正确途径，找出解决当今全球生态环境出现问题的方法，从而摆脱生态环境危机的瓶颈问题。

3. “生态马克思主义”为核心的生态文化尝试用马克思主义之初观点方法研究探讨解决全球生态问题和造成的威胁，用生态学来审视生态环境问题。这一思想认为生态危机产生的根源在于资本主义的经济制度和政治制度、“致力于揭示生态危机的思想文化根源”“生态马克思主义”为核心的生态文化是一种政治哲学，“生态马克思主义”为核心的生态文化力求从马克思主义理论中找出解决造成生态环境污染和损坏等生态危机的答案，以及用马克思主义理论纠正造成全球生态危机实践的现有支撑理论并对其不足进行弥补。

4. 科学的生态文化是一种全新的扬弃以往文明观念的文化形态。

（1）科学的生态文化坚持生态自然观、生态整体论和生态有机论的统一。它反对极端人类中心主义生态文化或极端生态中心主义自然观，而认为人类也是自然界内的一员，人类与自然界的关系也不仅仅是简单的两者之间的征服控制关系，而是一个紧密相连、不可分割的有机整体。

（2）坚持人与自然共生共融、和谐发展的认识论。科学的生态文化坚持人与自然的和谐友爱、和谐共生、相互依存、共同进步，只有坚持人与自然共生共融、和谐发展的认识论，才能真正处理好人类与自然之间的关系，实现整个全球的健康发展。

（3）尊重其他生命体存在和发展的价值观。科学的生态文化不再只关注人的价值需求、强调人的欲望的满足而把其他事物看作手段、把人看作是最终意义，它是在坚持生态原则的基础上将生态价值、社会价值和经济价值融合为一体。

（4）突出运用生态学思维方式的方法论。这种全新的思维方式，可以更好地指导人类的现实实践，从整体、系统与和谐出发，关注全局和长远，掌握联系并合理利用有限资源，促进社会进步与生态水平的提高。

（5）坚持自觉遵循自然规律，开发、利用并保护海洋的实践论。海洋生态文化自觉遵循开发、利用并保护海洋的基本规律，引领海洋绿色、低碳、循环、健康开发利用，加强对海洋生态系统的监测、评估、管理、保护，充分发挥海洋相比陆地无未能发挥的巨大作用，实现人海共生共融、和谐发展。

三 海洋生态文化的出现和建设将进一步丰富发展海洋生态文明的研究成果

自21世纪以来，世界各国普遍重视对海洋生态文明的研究。海洋生态文明是生态文明的重要组成部分，习近平同志在《决胜全面建成小康社会 夺取新时代中国特色社会主义伟大胜利——在中国共产党第十九次全国代表大会上的报告》中提出“建设生态文明是中华民族永续发展的千年大计”[①]。必须树立和践行“两山”理论，用制度和法治维护节约资源和保护环境这一基本国策，通过绿色低碳循环的生产发展方式倒逼简约适度生活方式的形成，走生态文明发展之路，建设环境美丽的中国和世界。“我们要牢固树立社会主义生态文明观，推动形成人与自然和谐发展现代化建设新格局。”[②]“实施区域协调发展战略。坚持陆海统筹，加快建设海洋强国。”[③]我国虽然是海洋大国但还不是海洋强国，我们要倍加珍惜海洋资源、能源等生产资料和消费资料。把海洋生态文明理念贯彻和体现在海洋建设发展中去。因此，我们要树立尊重、顺应和保护海

① 习近平：《决胜全面建成小康社会 夺取新时代中国特色社会主义伟大胜利——在中国共产党第十九次全国代表大会上的报告》，《人民日报》2017年10月28日第1版。

② 同上。

③ 同上。

洋的海洋生态文明理念，坚持海洋自然观、海洋整体论和海洋有机论的有机统一；坚持人海的相互依存、共生共融、和谐发展、共同进化；强调尊重“海洋生命”的价值、生存和发展的权利。

（一）海洋生态文明的含义

刘家沂在《构建海洋生态文明的战略思考》中提出：海洋生态文明的含义包括：一是人类遵循人海共生共融、和谐发展内在规律所取得的全部物质和精神成果；二是人海绿色低碳循环和可持续发展的文化伦理形式。[①] 马彩华等在《略论海洋生态文明建设与公众参与》中指出：“海洋生态文明系指人类在开发和利用海洋，促进其产业发展、社会进步，为人类服务过程中，按照海洋生态系统和人类社会系统的客观规律，建立起人与海洋的互动，良性运行机制与和谐发展的一种社会文明形态。”[②] 俞树彪在《舟山群岛新区推进海洋生态文明建设的战略思考》一文中则强调，海洋生态文明，是以处理人与海洋之间关系为努力方向，以海洋资源、海洋产业和海洋经济协同发展为支撑，以提高国人海洋意识和海洋生态文化为引领，以海洋生态科技修复、恢复、保护海洋生态环境和制度创新为驱动，整体推进人类海洋生产和生活等实践活动方式转变的生态文明形态。[③] 可见，海洋生态文明尚未形成一个统一完整的含义，但它却具有丰富的内涵。可以将海洋生态文明概括为它是人类文明发展到一定阶段的产物，是整个生态文明建设的组成部分和重要方面，是人类优化海洋生态环境和人与海洋生态环境平衡、协调发展过程中形成的有机海洋的自然物质观、生态海洋的意识精神观、整体海洋的法规制度观、蓝色海洋的活动行为观等积极成果；它是海洋生态物质文明、精神文明、制度文明和行为文明[④]的总和，是反映人与海洋资源、环境、生态等诸多

① 刘家沂：《构建海洋生态文明的战略思考》，《今日中国论坛》2007 年第 12 期。

② 马彩华、赵志远、游奎：《略论海洋生态文明建设与公众参与》，《中国软科学增刊（上）》2010 年第 S1 期。

③ 俞树彪：《舟山群岛新区推进海洋生态文明建设的战略思考》，《未来与发展》2012 年第 1 期。

④ 边启明、申友利、陈旭阳、魏春雷、张春华：《海洋生态文明示范区建设指标体系示范应用研究与思考——以广西北海市为例》，《海洋开发与管理》2017 年第 7 期。

方面和谐程度的新型文明形态，“是人们在与海洋交往互动过程中形成的价值观念、活动方式、精神状态及思维方式等，是全新的海洋生态文明观念和思想”①。

（二）海洋生态文明的主要特征

海洋生态文明的本质决定了它具有整体复杂性、和谐公平性、本原自律性、伦理文化性、实践创新性等特征。

1. 整体复杂性。海洋生态文明存在和发展的对象是整个世界海洋，一般来说，海洋生态环境问题是全球性的，因为海洋生态系统是一个有机联系的整体，我们不可能把世界海洋生态系统分割成不同的部分，然后分给每一个国家或每一个集团乃至个人进行管理。这就要求我们具有全球眼光，坚持生态海洋、有机海洋和整体海洋理念，从整体的角度来考虑问题，在全球范围内建设海洋生态文明。海洋生态环境的全球性与单个国家或地区管理海洋能力的有限性，决定了海洋生态文明本身在很大程度上集中了世界海洋现代文明的复杂性。②

2. 和谐公平性。海洋生态文明注重人海的相互关系的协调和处理，并构成其核心内容。可见，海洋生态文明要求尊重海洋、顺应海洋、保护海洋、合理开发利用海洋，实现人与海洋的和谐发展、共同进化。海洋生态文明建设在目标追求上主要通过调整人类与海洋的关系，由过去的“对立”走向“人与海洋的和谐共存、共同进化”，自觉维护海洋生态平衡，促进人类社会与海洋的和谐，注重增进公众的海洋经济福利和海洋环境权益，使海洋更加有利于人类的生存与发展，促进社会和谐与公平。

3. 本原自律性。生态海洋、有机海洋和整体海洋的自然世界观是海洋生态文明的重要内容；海洋生态文明的本质也要求以生态学方式科学思维，强调人们的思维方式方法要立足于海洋生态环境的本来面目，一切从尊重和保护海洋生态环境出发考虑、思维问题，从而体现出它的自然本原性。周生贤提出：“倡导和推行自觉自律的生产生活方式，基本形

---

① 刘勇、刘秀香：《浅谈山东半岛蓝色经济区海洋生态文明建设》，《潍坊学院学报》2013年第5期。

② 范英、严考亮：《论以人为本的海洋社会建设体系》，《第二届海洋文化与社会发展研讨会论文集》，2011年，第15—34页。

成节约海洋能源资源和保护海洋生态环境的产业结构、增长方式、消费模式，全面推进海洋经济社会的绿色繁荣。"[①] 从而，实现人与海洋的协调发展，因而，海洋生态文明又具有自律性。

4. 伦理文化性。海洋生态文明坚持以平等态度尊重海洋生态环境，尊重"海洋生命"的价值、生存、发展权利的价值观和伦理观，使经济社会发展与海洋资源环境相协调，从而实现了伦理价值观的转变，充分体现了它的道德伦理性。海洋生态文明建设必须以海洋生态文化为支撑，以充分的人文关怀关注人与海洋、人与人、人与社会和谐共生，良性循环和持续发展，因而，又表现出海洋生态文明的文化性。

5. 实践创新性。海洋生态文明建设是贯穿于经济、政治、文化、社会建设各方面的系统建设工程，需要几代人乃至几十代人共同努力才能做好。因此，它具有鲜明的实践性和创新性。当前，在遵循自然规律，开发、利用并保护海洋的实践论前提下，一是要立足海洋生态文明建设要求，把提升海洋对我国经济社会可持续发展的保障能力作为主要目标，创新和完善现有制度、政策和法治等方面的体制机制，以提高海洋资源、海洋产业和海洋经济的良性循环[②]；二是要建立健全海洋资源有偿使用制度和体制机制，逐步形成简约适度、绿色低碳[③]生产生活等实践方式，牢树海洋生态文明观念，实现人海共生共融、协同和谐发展。

（三）海洋生态文明的基本内容

海洋生态物质文明是海洋生态文明建设的物质支撑，海洋生态精神文明是海洋生态文明建设的灵魂引领，海洋生态制度文明是海洋生态文明建设的规范保证，海洋生态行为文明是海洋生态文明建设的结果体现，它们互相促进，又互相制约，共同构成了海洋生态文明的基本内容。

1. 海洋生态物质文明是海洋生态文明建设的物质支撑。繁荣的海洋

---

① 周生贤：《以环境保护优化经济增长　进一步提高生态文明水平——周生贤部长在以环境保护优化经济增长暨纪念"六·五"世界环境日高层论坛上的讲话》，《环境保护》2012 年第 19 期。

② 韩孝成：《生态文明的基本特征及其建设的战略对策》，《2010 中国环境科学学会学术年会论文集（第 1 卷）》，2010 年，第 118—123 页。

③ 习近平：《推动我国生态文明建设迈上新台阶》，《奋斗》2019 年第 3 期。

生态物质文明包含海洋产业经济生态化和海洋生态资源产业化，前者是建设海洋生态物质文明的目标和结果，后者则是建设海洋生态物质文明的材料或原材料支撑，它们共同成为海洋生态文明建设的物质支撑。

2. 海洋生态精神文明是海洋生态文明建设的灵魂引领。先进的海洋生态精神文明是一种反映人海协同发展的新型文明形态，体现了人类文明程度的明显提升。人类通过先进的海洋生态精神文明引领，可以建设更加繁荣的海洋生态物质文明、和谐的海洋生态制度文明、规范的海洋生态行为文明。[①] 因此，海洋生态精神文明是海洋生态文明的灵魂引领。

3. 海洋生态制度文明是海洋生态文明建设的规范保证。和谐的海洋生态制度文明建设既要不断完善海洋自然生态与环境保护的法律制度体系，使之走上法制化、规范化的轨道；又要在海洋经济发展中遵循市场经济规律和科学决策，合理开发、利用并保护海洋资源；还要建立海洋生态文明建设的长效机制，以真正发挥对海洋生态物质文明、海洋生态精神文明、海洋生态行为文明[②]的规范保证作用。

4. 海洋生态行为文明是海洋生态文明建设的结果体现。"海洋生态文明形成过程中的价值观念、活动方式、精神状态及思维方式等积极成果，都要通过政府及其部门、用海者和公众构成海洋生态文明行为的三大主体加以体现。"[③] 他们是否以文明的意识、伦理道德观念、完善的法律法规和科学的理论指导自身的行为，注意协调我国海洋经济发展中存在的开发、利用和保护，以及资源、环境和经济发展的矛盾，直接关系海洋生态文明建设的结果。

（四）海洋生态文明建设的保障体制机制

面对建设海洋强省、海洋强国和美丽海洋的新形势，习近平同志在党的十九大报告中指出："要以马克思主义立场、观点和方法为指导，深入理解和准确把握海洋生态文明的丰富内涵，不断探索和创新发展海洋

---

① 边启明、申友利、陈旭阳、魏春雷、张春华：《海洋生态文明示范区建设指标体系示范应用研究与思考——以广西北海市为例》，《海洋开发与管理》2017 年第 7 期。

② 同上。

③ 陈建华：《对海洋生态文明建设的思考》，《海洋开发与管理》2009 年第 4 期。

生态文明建设的理论与实践，切实提高海洋生态文明建设的科学化水平。”① 特别是要紧紧围绕树立科学的生态海洋思想、科学认知和保护海洋，倡导绿色海洋理念、引领海洋事业科学发展，共建海洋生态文化、打造和建设蓝色美丽海洋的建设目标，研究探讨海洋生态文明建设的保障体制机制如何构建的这一迫切问题。

宏观上主要是尊重和符合海洋生态文明建设的规律性，从宣传引导、法治保障、提高效率、创新驱动、共建共享和目标实现等关键方面，构建海洋生态文明建设的保障体系。具体要建立提高全民海洋生态文明意识和素养的宣传引导保障；加强海洋生态文明政策、制度及法规建设的法治规范保障；建立海洋生态文明建设的资金筹措保障；强化海洋生态文明建设的科技支撑保障；创新发展海洋生态文明管理体制的长效运行保障。其中宣传引导是环境保障、法治规范是制度保障、资金筹措是效率保障、科技支撑是创新保障、长效运行是质量保障。它们相互协调和制约，共同构成海洋生态文明建设的保障体系。

总之，海洋生态文化的出现和建设可以帮助人们逐步形成新的价值观、伦理观、思维方式，以及生产和生活方式等，这不仅会对海洋文化、生态文化和海洋生态文明研究成果加以继承和发展，而且能够丰富社会主义文化建设理论体系。因而，具有非常重大的意义。

① 习近平：《决胜全面建成小康社会　夺取新时代中国特色社会主义伟大胜利——在中国共产党第十九次全国代表大会上的报告》，《人民日报》2017 年 10 月 28 日第 1 版。

第六章

海洋生态文化出现的内在发展逻辑

海洋生态文化有其发展的内在逻辑和规律性，它既是新时代海洋文化自身发展的要求，也是生态文化本身发展的必然结果。[①]

第一节　海洋生态文化是当代海洋经济和人类文化发展的产物

一　实现当代海洋经济的高质量发展亟须海洋生态文化引领

（一）当代海洋经济与山东半岛蓝色经济区海洋经济发展的现状

1. 我国当代海洋经济发展的现状。1978 年我国著名经济学家许涤新、于光远提出了“海洋经济”，对于此概念经过学界专家学者研讨和争论，最后由官方文件《海洋学术语——海洋资源学》中把“海洋经济”定义为“人类生产管理经营海洋资源的活动”。覆盖着地球面积 71% 的海洋，蕴藏着丰富的自然资源，拥有广阔的发展前景。进入 21 世纪以来，世界各国纷纷将发展的目光投向海洋，海洋经济也成为新的经济增长极。我国是一个海洋大国，但还不是海洋强国，对海洋经济的认知和发展虽然有明显进步，但仍存在着发展质量不高等问题。

2. 山东半岛蓝色经济区海洋经济发展的现状。山东省海洋经济发展水平在全国各沿海地区中处于领先地位，海洋产业总产值仅次于广东省，

---

① 刘勇、刘秀香：《对我国海洋生态文化建设问题的思考》，《福建江夏学院学报》2013 年第 4 期。

是我国海洋经济的第二大省。[1] 但山东半岛蓝色经济区也存在着诸如海洋生态自然环境十分脆弱、海洋自然灾害的频繁发生、海洋资源破坏现象依然存在、海洋经济层次较低且产业结构不合理、陆海联动的产业链脱节、海洋划界问题存在争端等不容回避的现实问题。

（二）解决当代海洋经济发展中的问题亟须海洋生态文化出现

面对当代我国海洋经济发展，尤其是山东半岛蓝色经济区海洋经济发展中出现的以上问题，如果不直面问题，想尽一切办法解决这些矛盾、问题和困难，就必然会让海洋经济发展矛盾越来越尖锐、问题越来越突出、困难越来越多且越来越大。因为伴随着科技进步促进海洋经济的发展是必然趋势，人们在开发利用海洋拓展新的发展时空和内容的过程中，往往会采取原有的掠夺性思维方式、生产方式和生活方式，而忽视了对海洋的尊重、顺应和爱护，这必然会形成人与海洋的尖锐矛盾，致使出现的海洋问题不能从根本上得到解决。当前问题的解决倒逼人类深刻反思蓝色海洋这一重要的生态环境，以及人与海洋之间的关系，由此便产生了海洋生态文化这一重新认识人与海洋关系的新概念、新理念、新形式。可见，海洋生态文化的出现既是新时代海洋文化自身发展的要求，也是生态文化本身发展的必然结果。[2]

二　海洋生态文化是人类文化源远流长、长期发展的产物

海洋生态文化的出现，不是凭空产生的，也不是从天上掉下来的，而是人类文化源远流长、长期发展的产物。否则，海洋生态文化就会成为无源之水、无本之木。从历史发展的顺序和逻辑来看，人类文化博大精深、丰富多彩、源远流长，它经历了原始文化、农业文化、工业文化、信息文化四个从低级到高级、从简单到复杂、从自在到自觉的发展阶段。[3]

---

① 张冉：《文化自觉论》，博士学位论文，华中科技大学，2010 年。

② 刘勇、刘秀香：《对我国海洋生态文化建设问题的思考》，《福建江夏学院学报》2013 年第 4 期。

③ 张冉：《文化自觉论》，博士学位论文，华中科技大学，2010 年。

（一）原始文化开始形成人类文化形态的雏形

马克思主义唯物史观认为，生产力和生产关系的矛盾运动构成一定的社会生产方式，经济基础和上层建筑的矛盾运动构成一定的社会形态。可见，文化作为思想上层建筑的重要组成部分，它的基本性质是由生产关系和一定的社会生产方式决定的。一般来讲，社会生产方式对应着相应的文化形式，特别是生产关系的性质决定一定社会形态整个文化的性质。随着生产力的发展，生产方式必然会发生改变，文化的形态也会随之变化和不断更替，因而具有历史暂时性和历史局限性。[①] 原始人处于极其低下的生产和生活水平，以及由此造成的盲目自发活动，决定了必须通过“宗教、习俗、巫术、图腾，集体心象等自发地调解”[②] 他们的实践活动。这样，“神话、迷信、崇拜、巫术等神秘因素”就渐渐形成了他们的文化意识和思想观念。可见，原始人类在处理人与自然等关系上的蒙昧现状决定了原始社会的荒诞和朴素、初始化和原始性质，[③] 即使如此，在它们整个人类文化发展过程中起到了基础的作用。[④]

（二）农业文化促进了人类文化形态的发展

农耕文明是人类文明发展史上十分重要的文明形态，它延续了人类很长的发展史，并且横亘奴隶社会和封建社会两大社会形态。马克思指出，“生产越是依然以单纯的体力劳动，以使用肌肉力等为基础，简言之，越是以单个人的肉体紧张和体力劳动为基础，生产力的提高就越是依赖于单个人的大规模的共同劳动”[⑤]，所以，这种男耕女织的小农经济生产方式和生活方式严重阻碍了商品经济的发展，决定了农业文化既有历史进步性也有历史局限性，同时，还具有浓厚的经验性、狭隘性、非反思性的特征。[⑥]

正如衣俊卿所说“与传统习俗和经验相互交叉和相互涵盖的是常识，

---

① 张冉：《文化自觉论》，博士学位论文，华中科技大学，2010 年。

② 同上。

③ 同上。

④ 同上。

⑤ 《马克思恩格斯全集》（第 30 卷），人民出版社 1974 年版，第 526 页。

⑥ 张冉：《文化自觉论》，博士学位论文，华中科技大学，2010 年。

既包括各种生产常识、习俗礼仪常识、经验常识，也包括由非日常知识转化而来的政治常识、经济常识、科学常识、哲学常识等。”[①] 这些因素约定俗成，成为人们生产、生活、思维和遵循的思想观念，这就给农业文化打上了经验性的烙印。马克思曾明确指出：农业文化“虽然正确地把握了现象的总画面的一般性质，却不足以说明构成这幅画面的各个细节；而我们要是不知道这些细节，就看不清总画面”[②]。可见，农业文化具有经验积累、视野狭窄和非理性思考的特点，特别是农业文化只注重对现象的肤浅认识，而不注意对规律性问题的把握。当然，与原始文化相比，农业社会创造了光辉灿烂的古代文化，具有明显的历史进步性。

（三）工业文化体现了文化的复杂和理性特点

以蒸汽机的发明和推广应用为标志出现了第一次工业革命，随着生产力的快速发展，与之相适应的工业文化出现并取代了农业文化。人类文化发展从此进入了一个具有复杂和理性特点的新模式和新阶段。但我们也应该清醒地看到，“蒸汽和机器引起了工业生产的革命。大工业建立了由美洲的发现所准备好的世界市场。世界市场使商业、航海业和陆路交通得到了巨大发展”[③]。因此，我们在看到资本主义工业革命带来了资本主义加速发展的同时，更要看清它的历史局限性。工业社会促进整个世界物质财富加速增长的同时，也带来了生态环境恶化、人与自然之间的关系扭曲等问题、矛盾和困难。可见，工业文化夸大人的主观能动性的得意之时，却没有料到把人类推向了风口浪尖。[④]

当然，工业文明时代是社会主义和资本主义和平共存的时代，计划和市场作为调节经济的手段同时存在，这是价值规律和市场竞争的作用，人类改变了生产方式和生活方式，打破了传统的价值观念，克服了闭关自守的心态，形成了解放思想，冲破藩篱勇于改革，加快发展的文化氛

---

① 衣俊卿：《论日常思维与原始思维的内在关联——关于人类精神演进机制的新探索》，《理论探讨》1994 年第 6 期。

② 《马克思恩格斯选集》（第 3 卷），人民出版社 1995 年版，第 359 页。

③ 《马克思恩格斯选集》（第 1 卷），人民出版社 1995 年版，第 273—274 页。

④ 张冉：《文化自觉论》，博士学位论文，华中科技大学，2010 年。

围和环境①。

作为社会主义中国对全球存在的现实问题、矛盾和困难不回避，而是直面问题，以理性主义的文化实现科学发展、绿色发展和可持续发展，推动社会全面进步和人的全面发展，促进社会的物质文明、精神文明、政治文明、社会文明和生态文明的协调发展。

（四）信息社会催生了多种文化的共存和互鉴

马克思曾深刻指出："各种经济时代的区别，不在于生产什么，而在于怎样生产，用什么劳动资料生产。"② 可见，新的时代信息将成为全球共享的资源"在新的形式中，信息将成为举世共享的资源。"③ 在工业文明时期资本是战略资源，而在信息社会，信息则是战略资源。④ 知识本身不仅是力量的来源，而且成为武力和财富的最重要的因素。⑤ 随着电脑、能源、新材料、空间、生物等新兴技术的出现，引发了第三次科技革命，信息已经成为十分重要的生产力，整个世界迈入了信息社会。不同国家民族的文化将会交织碰撞，文化的互相依存、互相借鉴、共存共融已经成为不可阻挡的潮流，江泽民同志在联合国千年首脑会议的讲话中指出："如同宇宙间不能只有一种色彩一样，世界上也不能只有一种文明、一种社会制度、一种发展模式、一种价值观念。各个国家、各个民族都为人类文明的发展做出贡献。应充分尊重不同民族、不同宗教、不同文明的多样性。世界发展的活力恰恰在于多样性的共存。"⑥

从几千年漫漫进化的人类文化来看，人类实践活动不断推动着不同历史时期文化形态由低级到高级、由简单到复杂、由不自觉到自觉发展。作为人类文化重要组成部分的海洋生态文化也包括其中。信息的发展让

---

① 胡红生：《社会心态论》，博士学位论文，武汉大学，2004 年。

② 《马克思恩格斯全集》（第 23 卷），人民出版社 1972 年版，第 204 页。

③ ［美］尼古拉·尼葛洛庞帝：《数字化生存》，胡泳等译，海南出版社 1997 年版，第 12 页。

④ ［美］约翰·奈斯比特：《大趋势——改变我们生活的十大新方向》，梅艳译，中国社会科学出版社 1984 年版，第 14 页。

⑤ ［美］阿尔文·托夫勒：《力量转移》，刘炳章等译，新华出版社 1996 年版，第 19—20 页。

⑥ 《江泽民文选》（第 3 卷），人民出版社 2006 年版，第 110 页。

整个地球成为一个村落，也让苍茫大海变成了狭小的湖泊。面对海洋生态自然环境十分脆弱、海洋自然灾害的频繁发生、海洋资源破坏现象依然存在等问题，更应顺应时代潮流和文化演进的规律，充分发挥人的主观能动性，提高文化自觉意识，不断促进全球绿色发展、低碳发展、循环发展。因此，海洋生态文化是人类文化源远流长、长期发展的产物。

第二节　海洋生态文化也是生态文化自身发展的逻辑必然结果

生态文化经历了中国古代朴素的生态文化，西方近代以“人类中心主义”生态观为核心的生态文化，科学的生态文化由低级到高级、简单到复杂、自在到自觉的三个阶段演进过程。让我们深刻认识到海洋生态文化作为生态文化重要组成部分的出现具有系统逻辑性和历史必然性。

一　中国古代朴素生态文化的发展历程

如前所述，原始文化虽然简单、混沌，甚至“荒诞”，但却构成了人类文化形态发展的基础。在此基础上，勤劳勇敢和充满智慧的祖先圣贤创造了中国优秀传统文化和生态文化思想。儒家“天人之际，合而为一”[①]“制天命而用之”[②]的思想；道家“道生一，一生二，二生三，三生万物”[③]“人法地，地法天，天法道，道法自然”[④]“天地与我并生，而万物与我为一”[⑤]“以道观之，物无贵贱”[⑥]“天地有大美而不言，四时有明法而不议，万物有成理而不说”[⑦]的思想；法家“天不变其常，地不易其则，春秋冬夏不更其节，古今一也”[⑧]“其功顺天者天助之，其功逆天

① 张岂之：《从天人之学看中华文化特色》，《人民日报》2017年4月5日第7版。
② 孙红颖解译：《荀子全鉴》，中央纺织出版社2016年版，第163页。
③ 徐澍、刘浩注释：《道德经》，安徽人民出版社1990年版，第119页。
④ 同上书，第71—72页。
⑤ 时金科：《道解庄子》，中央编译出版社2015年版，第42页。
⑥ 同上书，第285页。
⑦ 同上书，第379页。
⑧ 隋建华、吕海霞：《谈〈管子〉人性论特色》，《齐鲁师范学院学报》2013年第5期。

者天违之”① 的思想；中国佛教“尸毗贷鸽、众生平等”② “万物一体、依正不二”③ 的思想都蕴含着尊重生命、敬畏自然的古代朴素的生态文化思想。但中国古代朴素生态文化的弱点和局限在于太听从和服从大自然的摆布，没有充分发挥人的主观能动性，实际上就是没有正确处理好人与自然的关系，再加上中国古代宗法制度对人口数量的极端重视等客观原因的存在，致使其带来了一系列生态失衡等自然对人类的无情惩罚，逐步走向衰落。西方近代以“人类中心主义”生态观为核心的生态文化的出现并取代中国古代朴素生态文化就成为不可避免的结果。

二 以“人类中心主义”生态观为核心的生态文化发展过程

与中国古代朴素生态文化相反，西方近代以“人类中心主义”生态观为核心的生态文化开始出现。它是西方人在认识自然、改造自然和征服自然的实践活动中逐渐形成的一种主体论、伦理观和价值观。古希腊想象或抽象的“人类中心主义”思想和价值观、中世纪宗教神学拟人和超自然的“人类中心主义”思想，以及近代以“人类中心主义”生态观为核心的生态文化，确实是让人得到了解放，改变了人完全依附于自然的从属地位，创造了极大的物质财富，开始了近代资本主义工业文明。但是，由于西方近代以“人类中心主义”生态观为核心的生态文化，片面夸大了人的主观能动性，过分强调了人与自然关系中人的主体作用，为了实现人自身目的，可以无限度地改变自然。可见，这种生态文化正好走向了中国古代朴素生态文化的另一个极端，也是没有正确处理好人与自然的关系，从而在以“人类中心主义”生态观为核心的生态文化影响下，助长了人类对自然的征服、劫掠、改造和疯狂索取。这就必然造成以破坏自然生态环境为特征的人与自然之间关系的扭曲，出现资源短缺、环境污染和自然生态破坏等一系列全球性问题的蔓延。人类要解决以上问题，走出人类社会陷入生态环境恶化的困境，就必然出现科学的

---

① 米靖：《论〈管子〉中黄老道家“德刑相辅”的教育思想》，《管子学刊》2001 年第 3 期。

② 林伟：《佛教“众生”概念及其生态伦理意义》，《学术研究》2007 年第 12 期。

③ 同上。

生态文化引领人类社会绿色发展、低碳发展和循环发展。

三　科学生态文化的发展脉络

鉴于近代西方以“人类中心主义”生态观为核心的生态文化的局限性势必导致整个人类社会陷入生态环境的恶化，因此，由“非人类中心主义”和“现代人类中心主义”生态观为核心的生态文化取代以“人类中心主义”生态观为核心的生态文化也就顺理成章。但是，“非人类中心主义”和“现代人类中心主义”生态观为核心的生态文化却在解决人与自然关系的问题上，采取了矫枉过正的思维方式和方法论，又极端地陷入了重物轻人的境地。当然如果没有“非人类中心主义”和“现代人类中心主义”生态观为核心生态文化的出现，让人类重新审视和重视大自然的重要性，也就不可能出现“生态马克思主义”为核心的生态文化、“生态兴则文明兴”为核心的社会主义生态文化，最终让科学的生态文化出现既是自然而然也是逻辑必然。

四　海洋生态文化的出现是生态文化自身发展的逻辑必然结果

海洋是大自然的有机组成，作为生态文化的重要组成部分——海洋生态文化的出现和发展，必然是伴随着生态文化的历史逻辑发展的最终结果。原始蒙昧的神话海洋文化彰显了祖先与大海相处的朴素的“天人合一”的观念，体现了先人面对神奇海洋而形成简单、混沌，甚至“荒诞”的思想，惧怕海洋、敬畏海洋，在海洋面前无能为力，任意听从和服从海洋的摆布，从而成为海洋的奴隶。进入农耕文明时代，随着生产力的向前发展和人类对海洋的不断认识，古希腊想象或抽象的海洋文化、古罗马和中世纪超自然海洋文化开始出现。它的出现并非偶然，这与生产力发展和生态文化的引领有着紧密联系，从此，让人类从蒙昧跨越了野蛮迈向了海洋文明，与此同时也开始了严重背离人海和谐共处的关系。工业文明随着科技革命的出现把人类社会发展推向了一个新的发展时期，在特别强调人的主观能动性，亦即人无所不能的同时，也助长了人类对海洋的征服、劫掠、改造和疯狂索取，形成人海对立的海洋文化。随着信息技术、新能源技术、新材料技术、生物技术、空间技术和海洋技术等诸多领域的第三次科技革命的到来，人类社会进入了信息时代。面对海洋生态环境的恶化和海洋生态系统危机的威胁，就需要以马克思主义关于人与海洋的思想为指导，建设先进的海洋文化。从而，促进海洋生态、海洋经济和海洋社会的可持续发展。这样，海洋生态文化的产生和出现就成为不可避免的结果。

第三部分　海洋生态文化的理论体系探讨

在前面研究的基础上，如部分主要从海洋生态文化的含义及特征、基本要求、结构体系、建设目标、运行和保障体系等方面，全面系统研究探讨海洋生态文化理论及体系问题。

第七章

海洋生态文化及其特征

进入21世纪，各临海国家大力推行海洋战略，对海洋资源开发、海洋经济发展愈加重视。健全国家海洋资源综合管理机制，保护海洋生物资源和海洋生态环境，加强海岸带、海岛资源开发和保护，建设海洋科学技术与示范工程，开展国际合作，加快发展海洋经济，必然成为解决我国，包括山东半岛蓝色经济区海域生态环境趋于恶化、海洋生物资源锐减和优质品种减少、海域的有机污染加剧、滩涂养殖场荒废、自身调节和防抗灾害能力低等突出问题的重要途径。[①]

2009年4月和10月，胡锦涛同志站在全局和战略高度两次提出了“大力发展海洋经济，科学开发海洋资源，培育海洋优势产业，打造山东半岛蓝色经济区”[②]，并且要“建设好山东半岛蓝色经济区”[③]的思想，在此思想的引领下，随着山东半岛蓝色经济区的发展，以“蓝色海洋经济”为核心、山东半岛蓝色经济的科学思想形成了一些创新的成果。党的十八大报告首次提出“建设海洋强国”[④]，确立了我国海洋事业发展的战略目标。2013年7月30日习近平总书记主持中央政治局第八次集体学习时进一步强调指出：“建设海洋强国是中国特色社会主义事业的重要组

---

① 《〈中国21世纪议程〉——中国21世纪人口、环境与发展白皮书》，《中华护理杂志》1995年第7期。

② 《学习贯彻胡锦涛视察山东重要讲话：深刻把握总体要求》，《大众日报》2009年4月27日第1版。

③ 《重大发展机遇》，《大众日报》2011年1月7日第1版。

④ 胡锦涛：《坚定不移沿着中国特色社会主义道路前进　为全面建成小康社会而奋斗——在中国共产党第十八次全国代表大会上的报告》，《人民日报》2012年11月18日第1版。

成部分。……要进一步关心海洋、认识海洋、经略海洋，推动我国海洋强国建设不断取得新成就。”[①] 对“海洋在国家经济发展格局和对外开放”[②]“维护国家主权、安全、发展利益”[③]“国家生态文明建设”[④]，以及“国际政治、经济、军事、科技竞争”[⑤] 中的地位和作用作了系统论述；提出了“坚持陆海统筹，坚持走依海富国、以海强国、人海和谐、合作共赢的发展道路，通过和平、发展、合作、共赢方式，扎实推进海洋强国建设”[⑥] 的具体路径；强调实现“着力推动四个转变”，即“要提高海洋资源开发能力，着力推动海洋经济向质量效益型转变；要保护海洋生态环境，着力推动海洋开发方式向循环利用型转变；要发展海洋科学技术，着力推动海洋科技向创新引领型转变；要维护国家海洋权益，着力推动海洋维权向统筹兼顾型转变”[⑦]。这就为建设海洋强国指明了方向。习近平同志进一步明确指出：“人与自然是生命共同体，人类必须尊重自然、顺应自然、保护自然……必须坚持节约优先、保护优先、自然恢复为主的方针，形成节约资源和保护环境的空间格局、产业结构、生产方式、生活方式，还自然以宁静、和谐、美丽。”[⑧] 这说明生态环境包括海洋生态环境保护已成为广泛共识，中国在发展海洋经济的同时，必须持续加大对海洋生态环境的保护力度。

第一节　海洋生态文化的新概念

海洋是全球最大的生态系统。海洋生态文化作为生态文化历史逻辑

---

① 习近平：《进一步关心海洋认识海洋经略海洋　推动海洋强国建设不断取得新成就》，《人民日报》2013 年 8 月 1 日第 1 版。

② 同上。

③ 同上。

④ 同上。

⑤ 同上。

⑥ 同上。

⑦ 同上。

⑧ 习近平：《决胜全面建成小康社会　夺取新时代中国特色社会主义伟大胜利——在中国共产党第十九次全国代表大会上的报告》，《人民日报》2017 年 10 月 28 日第 1 版。

发展的必然结果，是生态文化的重要组成部分。如前言所述，海洋生态文化是伴随着海洋生态文明建设的实践而逐步形成的。海洋生态文化以海洋为依托、以人为主体、以人的对象世界为主要表现形式，是人类在与蓝色海洋交往互动过程中形成的价值观念、伦理观念、活动方式、精神状态及思维方式等；因而，它是人海共融共生、共同进化，从而保持海洋绿色低碳循环和可持续发展的一种新的文化形态。[①]

一 海洋生态文化的内涵

从海洋生态文化的内涵看，海洋生态文化系统包括人们在与海洋交往互动过程中形成的价值观念、活动方式、精神状态及思维方式等。这可以理解为：一是人类遵循人海共生共融、和谐发展内在规律所取得的全部物质和精神成果；二是人海绿色低碳循环和可持续发展的文化伦理形式。[②] 因此，海洋生态文化的建设，既不能坚持以人类为中心的生态文化理论，也不能强调以自然为中心的思想。在处理人海之间的关系上决不能从一个极端走向另一个极端，而是应该秉持科学认知海洋、尊重海洋生命、人海共生共融、人海是生命共同体的价值观念、伦理观念、活动方式、精神状态及思维方式等，合理适度开发利用海洋，以推动海洋生态系统的良性循环，海洋恢复修复以实现海洋生态环境的平衡，人海合作共赢以促进海洋经济的高质量发展。

二 海洋生态文化的外延

海洋生态文化作为海洋绿色低碳循环和可持续的一种新的文化形态，覆盖的范围也是比较广泛的。从价值观念方面看，包括海洋自然生态文化、海洋整体和谐文化、海洋有机发展文化、海洋生态效益文化等。从伦理观念方面看，包括海洋生态道德文化、海洋生命共同体文化、海洋人文关怀文化等。从活动方式方面看，包括海洋可持续发展文化、海洋

---

① 刘勇、刘秀香：《对我国海洋生态文化建设问题的思考》，《福建江夏学院学报》2013 年第 4 期。

② 刘家沂：《构建海洋生态文明的战略思考》，《今日中国论坛》2007 年第 12 期。

经济高质量发展文化、海洋绿色发展文化、海洋低碳发展文化、海洋简约适度发展文化等。从精神状态方面看，包括海洋共生共融文化、海洋共同进化文化、海洋合作共赢文化等。从思维方式方面看，包括海洋恢复修复文化、海洋生态保护文化、海洋和平安全文化、海洋合作共赢文化、海洋生态学方式科学思维、遵循海洋发展规律等。

海洋生态文化是人类海洋实践活动的产物，是人类在合理适度用海、海洋恢复修复和人海合作共赢等海洋社会实践过程中所获得的能力和创造的成果。海洋生态文化作为人海之间关系共生共融、协同进化和循环发展的文化伦理形态[①]凝结，对海洋和人类社会发展的影响将会是更为持久和稳定的。

第二节 海洋生态文化的基本特征

海洋生态文化作为一种思想意识形态和社会意识的组成部分，展现了当今人类社会人海之间的关系，以及由此引领人类生产和生活等实践活动过程与结果，它的发展既与人类对海洋的认知程度有关，也与人类绿色低碳，简约适度开发利用海洋资源、产业和经济等的实践活动紧密相连。海洋生态文化的发展一方面依赖于当时当地海洋生产力发展的水平；另一方面它又反作用于人类对海洋经济[②]、海洋技术、海洋发展等。两者相互依存、相互作用、共同发展。海洋生态文化的基本特征主要有以下几个方面。

一 海洋生态文化的源地性

任何一种文化都是长期历史积淀和向前发展的结果。不同地域的海洋生态文化会因发展的条件、内容、过程和结构的不同而呈现出明显的区域特征。就我国的海洋生态文化而言，表现出明显的源地性特点。泛

① 李强、邵翔：《基于生态文明视角的连云港市海洋生态环境治理机制研究》，《学理论》2010 年第 12 期。

② 王苧萱：《山东海洋文化发展的生态学走向》，《生态经济》2016 年第 7 期。

珠三角地区海洋生态文化区的特点是海外移民文化和海神信仰文化发达，海洋对外经贸文化活跃；长江三角洲海洋生态文化区的特点是滨海港市文化发达，融合了沿海地方文化，具有现代中外文化并存的特点；环渤海湾海洋生态文化区的特征具体表现有海洋政治文化浓厚，海洋科教文化发达，海滨邹鲁文化悠久。[①] 海洋生态文化的源地性特点，决定了海洋文化产业资源的区域性特征。这就要求我们在理解把握海洋文化生态概念时，应从整体的角度去认识海洋文化生态，要注意从一般与个别、整体和部分的辩证关系，来重视和发展海洋生态文化的各种具体表现形式，优化海洋生态文化的结构及其发展模式。可见，海洋生态文化具有源地性的特征。

二　海洋生态文化的传承性[②]

一种文化的先进性，不仅表现在对其他优秀文化的借鉴吸收，并随着时代变革而不断创新的能力上，而且表现在对文化传统的继承上。生态文化一旦产生，人们便相互学习、仿效、传授、约定俗成，人相袭，代相传，有着较强的传承性。[③] 人类为了繁衍和生存，老一代把自己积累的对自然的认知和对自然的实践与技能传授给新的一代，即为传承。早在先秦时期，即有有关生态文化的典籍记载，《礼记·月令》有"孟春之月，禁止伐木"[④] 之记载。当今的生态文化很多地方都是受传统的生态文化的影响而来，是传统生态文化的进一步发展。

海洋生态文化一个最重要的作用就在于它对文化的传承功能。海洋生态文化资源在经过合理开发，生产出满足人们精神文化需求的文化产品时，其所包含的价值观念、伦理观念、活动方式、精神状态及思维方式等也会相应地转化到文化产品上，海洋生态文化以此为媒介可以得到更好的延续和传承。因此，海洋生态文化具有传承性的特征。

---

① 刘丽、袁书琪：《中国海洋文化的区域特征与区域开发》，《海洋文化与管理》2008 年第 3 期。

② 王苧萱：《山东海洋文化发展的生态学走向》，《生态经济》2016 年第 7 期。

③ 廖荣华：《论生态文化及其若干关系》，《邵阳学院学报》（自然科学版）2006 年第4 期。

④ 参见杨平《生态文化的相关理论分析》，《中外企业家》2015 年第 2 期。

三 海洋生态文化的和谐性

生态文化实际上就是人类从古至今在其所处时代的生产力条件背景下认识、探索自然界万物相互之间关系与存在状态的思想观念的体现。它是一种新的价值观念、伦理观念、活动方式、精神状态及思维方式等。生态文化追求人与自然的可持续发展的和谐发展方式，自觉扬弃对自然征服、劫掠、改造和疯狂索取的粗放式发展方式，代之以绿色发展方式和生活方式，实现创新和高质量发展。

习近平同志在党的十九大报告中指出："我们要建设的现代化是人与自然和谐共生的现代化，既要创造更多物质财富和精神财富以满足人民日益增长的美好生活需要，也要提供更多优质生态产品以满足人民日益增长的优美生态环境需要。"[①] 海洋系统是一个有机和谐的整体，海洋的发展应该是有机性和整体性的和谐发展。粗放式发展方式只是满足于海洋的有用性，带有明显的功利主义色彩，为了追求海洋资源和能源等物质资料而不惜毁掉整个海洋生态系统和环境；而绿色低碳循环和可持续发展方式和生活方式却要求人类应自觉调节人海关系，十分注意简约适度开发利用海洋物质资料，绿色低碳保护海洋生态系统和环境，这样的文化自觉是海洋生态文化和谐性的集中体现。所以，海洋生态文化是人类与海洋共融共生、共同进化、和谐发展的生态文化。

四 海洋生态文化的创新性

海洋生态文化的创新性，主要体现在其时间和空间上的动态变化。它是在人们对海洋的不断探索和发现的历程中诞生的，又随着自然和社会环境的不断变化而不断创新。具有鲜明的创新性。

海洋生态文化只有不断创新，才能实现良好的循环发展。这就要求我们要以辩证的、发展的观点来考察海洋生态文化的过去、现在和未来，揭示其运动发展的规律，从而更好地对海洋生态文化进行创新和完善。

---

① 习近平：《决胜全面建成小康社会 夺取新时代中国特色社会主义伟大胜利——在中国共产党第十九次全国代表大会上的报告》，《人民日报》2017年10月28日第1版。

五　海洋生态文化的开放性

文化引领文明发展，文明是文化的结晶和成果。正如习近平同志2019年5月16日在亚洲文明对话大会开幕式的主旨演讲中指出的："文明也是一样，如果长期自我封闭，必将走向衰落。交流互鉴是文明发展的本质要求。……文明因多样而交流，因交流而互鉴，因互鉴而发展。我们要加强世界上不同国家、不同民族、不同文化的交流互鉴，夯实共建亚洲命运共同体、人类命运共同体的人文基础。"[①] 海洋生态文化作为动态开放文化系统的重要组成部分，因而具有开放性和全球性。

六　海洋生态文化的群体性

群体性是海洋生态文化具有的特性之一，这是由人在海洋生态文化中的地位和作用决定的。由人构成的群体是海洋生态文化产生、传播和发挥作用的主体，也是海洋生态文化的尊重者、维护者和弘扬者。由于海洋生态文化需要汲取群体成员的文化知识、实践经验等，更重要的是必须发挥群体的力量和聪明才智，[②] 可见，它具有群体属性。人们在劳动实践中创造海洋生态文化的同时，海洋生态文化也对人类产生了很大的影响作用。两者互相依存、互相影响，不断推动着海洋生态文化和其主体——人类朝着螺旋式上升的方向发展，让海洋生态文化更加凸显出群体性的特征。

---

① 习近平：《深化文明交流互鉴　共建亚洲命运共同体——在亚洲文明对话大会开幕式上的主旨演讲》，《人民日报》2019年5月16日第1版。

② 鲁春晓：《新形势下中国非物质文化遗产保护与传承关键性问题研究》，中国社会科学出版社2017年版，第70页。

第八章

建设海洋生态文化的基本要求

海洋生态文化的内涵和外延，以及基本特征，决定了海洋生态文化有着不同于其他生态文化形式的基本要求。这主要表现在：海洋生态文化坚持自然整体论和有机论的海洋观；海洋生态文化坚持人与海洋的相互依存、共生共融、和谐发展、共同进化的认识论；海洋生态文化坚持人类化解海洋生态危机的产生以生态学方式科学思维的方法论；海洋生态文化坚持尊重“海洋生命”的价值、生存、发展权利的价值观和伦理观；海洋生态文化坚持自觉遵循自然规律，开发、利用并保护海洋的实践论。①

第一节　在海洋观上，坚持自然观、整体论和有机论的统一

一　海洋自然观的形成和发展

（一）远古时代海洋自然观的形成和发展

原始社会以使用石器生产工具为主，生产力水平极其低下。这样，原始先民的生产和生存方式只能以狩猎和采集经济为主，有些则以渔业为主，或者以简单的自然农业为主。中国沿海地区早就有人类活动的足迹，开始出现了独木舟和木桨；祖先懂得了“木浮于水”的道理并在与

---

① 刘勇、刘秀香：《对我国海洋生态文化建设问题的思考》，《福建江夏学院学报》2013 年第 4 期。

海洋打交道的过程中，磨砺了意志，有了一些感性认识和经验。此时人类有了象形文字，产生了原始宗教和图腾崇拜。当时的生产力水平很低，导致祖先的生产生活实践有限，从而他们的认知能力具有很大的局限性，因此，原始先民就产生了对海洋的敬畏无知、图腾崇拜、顺从依附，海洋自然观开始出现萌芽。

春秋战国时北方的齐鲁文化和燕赵文化、南方的吴越文化，都蕴含着发达的海洋文化；秦汉后，中国古代海洋文明更加灿烂夺目。

到了夏商周奴隶社会，随着青铜工具的广泛使用、手工业的发展和有了文字记载，出现了晦（海）、涛、鱼、龟等与海有关的文字，有了“水流千里归大海”的表述；以“巨海”“大壑”“百谷王”“无底”“天池”等为海洋命名；同时，沿海地区、海和海岸带是祖先重要的劳动作业区域，他们在生产和生活实践中积累了丰厚的有关海洋的地貌、气象、水文、生物等海洋本身的知识，并在此基础上逐步发展起“以海为田”鲜明色彩的海洋自然观。[①]

春秋战国以后的封建社会，先民在长期的生产生活中，为适应自然界的变化，对海洋的认识变得更加丰富和深刻。“兴鱼盐之利，行舟楫之便”[②]，有了“既然百川归海，为何大海总是不盈不亏”的疑问；西汉时期我国已开辟了海上丝绸之路，航线最远到达今天的印度和斯里兰卡。[③]东汉王充提出“涛之起也，随月盛衰”的潮汐的月球成因说和潮月同步原理，开创了元气自然论潮论；晋代葛洪则用浑天宇宙论来解释潮汐成因，建立起天地结构论潮论。东汉马援在琼州海峡两岸树起潮信碑，供渡海者使用。感潮河段发展起依靠潮水抬高淡水水位以资灌溉的潮田。潮田广泛分布，成为中国海洋农业文化的特殊标志。[④] 隋朝至元朝产生了

---

① 宋正海：《中国传统海洋文化中的自然观和科学思想》，《光明日报》2005 年 7 月 14 日第 6 版。

② 参见赵明利等《珠江口地区区域海岸带综合管理模式初探》，《海洋开发与管理》2012 年第 7 期。

③ 宋正海：《中国传统海洋文化中的自然观和科学思想》，《光明日报》2005 年 7 月 14 日第 6 版。

④ 同上。

不少潮汐专论，唐代窦叔蒙，五代末宋初的赞宁和尚、吕昌明、宋代余靖、沈括等，都提出了很多独到见解和重要成果。明代郑和七下西洋，经过南海、横越印度洋，访问亚非几十个国家，最远到达东非索马里和肯尼亚一带。[①] 明清保存了丰富的海洋自然灾害和异常的记载。这些都促成了中国古代海洋自然观的形成和发展。

（二）西方近代社会海洋自然观的形成和发展

随着近代西方自然科学领域科技革命的出现、工业革命的发展、社会生产力水平加速提高，促进了资本主义商品经济建立和巩固。同时，文艺复兴的出现，解放了人的思想。海洋自然观的形成和发展主要体现在深厚的哲学自然生态思想之中。笛卡尔认为人类要“借助实践哲学使自己成为自然的主人和统治者”[②]，“人是自然界的主人和所有者”[③]。康德指出了“人是生活在目的的王国中。人是自身目的，不是工具。人是自己立法自己遵守的自由人。人也是自然的立法者”[④]。培根又提出“知识就是力量”[⑤]，洛克更进一步认识到：“人要有效地从自然的束缚中解放出来，对自然的否定是通往幸福之路。”[⑥] “改天换地”“征服自然”，挣脱自然对人类的束缚，不做自然的奴隶，而要做自然的主人，是近代西方以“人类中心主义”海洋生态观的哲学思想核心，也是对海洋自然观形成和发展认知的核心。在以上生态思想的误导下，助长了人类对海洋的征服、劫掠、改造和疯狂索取，形成人海对立的扭曲的海洋自然观。

（三）现代社会海洋自然观的形成和发展

面临西方社会海洋生态危机的严重问题，人类不得不重新审视近代社会海洋自然观。“生态中心主义”为核心的自然观主张将道德关怀的对

---

① 宋正海：《中国传统海洋文化中的自然观和科学思想》，《光明日报》2005 年 7 月 14 日第 6 版。

② ［法］笛卡尔：《探求真理的指导原则》，管震湖译，商务印书馆 1999 年版，第 36 页。

③ 同上。

④ ［德］康德：《实践理性批判》，韩水法译，商务印书馆 1999 年版，第 95 页。

⑤ 杨佩岑：《浅析培根“知识就是力量”的哲学内涵》，《山西大学师范学院学报》（哲学社会科学版）1998 年第 3 期。

⑥ “The Way to Bmg Forlll New Ideas on Marxist Philosophy”, Minjiayin, *Journal of Hang Zhou Teacher College*, 2001, p. 41.

象扩展到能感觉的动物的感觉中心主义、将道德关怀的对象扩展到一切有生命的动植物的生物（生命）中心主义、进一步将道德关怀的对象扩展到更大的生态系统层次的生态中心主义。[1] 彼得·辛格认为，以动物也能感受苦乐为由，提出动物也是道德主体，因此，主张道德革命要实现包括动物在内的所有道德主体的最大幸福，而不能将人的幸福建立在动物的痛苦之上。[2] 平等所要求的基本原则，不是平等的或者一样的对待，而是平等的关心。[3] 汤姆·雷根指出，虽然动物解放论者从功利主义的视角对动物的道德地位所做的辩护是值得赞赏的，但却并不能使人满意。因为动物解放论所依据的功利、和平等原则之间具有内在的逻辑上的不一致性，尊重每一个动物的利益与最大限度地促进功利总量之间无必然的逻辑联系。[4] 但不管怎么说，“生态中心主义”为核心的自然观集中体现了人类要爱护海洋、顺应海洋、保护海洋，关心海洋生态环境的健康发展，重视人类在海洋中高质量生存发展；强调人与海洋和谐相处、共生共融、唇齿相依，调整人类与海洋的相互关系；它倡导全球经济的生态化发展，注意在经济发展的过程中必须考虑海洋生态环境的保护和承载能力，实现海洋经济发展与环境保护协调一致可持续发展；大力推动绿色运动的兴起和发展，进一步推动海洋生态环境保护。

（四）当今社会海洋自然观的形成和发展

习近平同志明确指出：“要保护海洋生态环境，着力推动海洋开发方式向循环利用型转变。要下决心采取措施，全力遏制海洋生态环境不断恶化趋势，让我国海洋生态环境有一个明显改观……要把海洋生态文明建设纳入海洋开发总布局之中，坚持开发和保护并重、污染防治和生态修复并举，科学合理开发利用海洋资源，维护海洋自然再生产能力。要从源头上有效控制陆源污染物入海排放，加快建立海洋生态补偿和生态

---

① 江泽慧：《生态文明时代的主流文化——中国生态文化体系研究总论》，人民出版社2013年版，第179页。

② 李忠友：《生态文化及当代价值研究》，博士学位论文，吉林大学，2016年。

③ 杜向民等：《当代中国马克思主义生态观》，中国社会科学出版社2012年版，第103页。

④ 李忠友：《生态文化及当代价值研究》，博士学位论文，吉林大学，2016年。

损害赔偿制度，开展海洋修复工程，推进海洋自然保护区建设。”[①] 这充分体现了“追求绿色发展繁荣”的科学海洋生态观、发展观和认识论，是我们树立海洋生态理念，科学认知和利用海洋；倡导海洋绿色发展，引领海洋高质量发展；共建海洋生态文明，打造和建设美丽海洋[②]的根本遵循，也是引领世界正确处理人海关系、保护海洋生态环境的科学思想。

二 海洋整体论的形成和发展

（一）远古时代先民对海洋整体性的认知

原始社会的先民由于受各种条件的限制，对海洋的认知有很大的局限性，只是心存对海洋的敬畏崇拜和顺从依附，到底海洋有多大、海洋有多少资源、海洋与人类是什么样的关系等都搞不清楚，更谈不上对海洋战略地位和重要作用的认识。

到了奴隶社会，随着生产力水平的提高，祖先在沿海地区、海和海岸带劳动作业，开始积累海洋的地貌、气象、水文、生物等知识，并产生了“以海为田”的生产生活实践。封建社会的西汉时期开辟了海上丝绸之路，航线最远到达今天的印度和斯里兰卡；明朝郑和七下西洋，经过南海、横越印度洋，访问亚非几十个国家，最远到达东非索马里和肯尼亚一带。这些让先民们认识到海洋很大、海洋有很多资源可供人类利用，对海洋战略地位和重要作用也开始有了初步认识。

（二）西方近代社会对海洋整体性的认识

文艺复兴的出现，人文主义者发现了古希腊地理学家托勒密的《天文学大成》把地球说成是一个球形的数学推论和理论论证。随着近代西方第一次科技革命的出现，社会生产力水平快速提高，人类的航海技术、能力和水平，以及对地圆学说和海洋的认知程度达到了一定高度，再加上西班牙和葡萄牙国王的支持，开始了人类历史上伟大的航海创举——新航路的开辟。经航海家哥伦布、迪亚士、达伽马、麦哲伦等人的航海

---

① 习近平：《进一步关心海洋认识海洋经略海洋 推动海洋强国建设不断取得新成就》，《人民日报》2013 年 8 月 1 日第 1 版。

② 刘勇、刘秀香：《对我国海洋生态文化建设问题的思考》，《福建江夏学院学报》2013 年第 4 期。

探索，西班牙人哥伦布最早发现新大陆——美洲；葡萄牙人迪亚士就在国王的鼓励下，组织船只沿着非洲海岸向南航行，到达非洲最南部的好望角；葡萄牙人达伽马抵达印度，最终找到了通往亚洲的通道；葡萄牙人麦哲伦在西班牙国王的资助下环游世界。恩格斯曾指出："葡萄牙人在非洲海岸、印度和整个远东寻找的是黄金；黄金一词是驱使西班牙人横渡大西洋到美洲去的咒语；黄金是白人刚踏上一个新发现的海岸时所需要的第一件东西。"[①] 可见，商品经济发展促使资本主义萌芽，为了增加资本原始积累和扩大市场需求，进行新航路的开辟。这一事件加深了人类从空间上对海洋整体性的认识之外，也改变了世界各大洲之间原来封闭的状态，为后来欧洲对美洲和亚洲等国家的劫掠和三角贸易创造了条件，为资本主义发展提供了巨大的生产资料和市场的同时，更重要的是给受侵略的美洲和亚洲等国家带来了沉重灾难。

（三）现代社会对海洋整体性的认识

人类社会发展到现代，对海洋整体论的认识越来越深、越来越清晰。海洋面积占地球表面的近71%，海洋是地球的主要组成部分。海洋已经成为人类的"大粮仓""大矿场""大能源库""大药房"和"大建材基地"等。说海洋是人类的"大粮仓"，因为海洋中的海藻、贝类和鱼类等生物资源能够为人类提供滋味鲜美、营养丰富的蛋白质食物。说海洋是人类未来的"大矿场"，是因为海洋拥有丰富的固体矿物资源、海水资源、海洋能源、海洋旅游资源等；海水中含有80多种化学元素，是重要的工业原料；在靠海岸的滨海地层里还富含多种稀有金属矿物；海底的矿物资源也十分丰富，有很多的海洋资源还没有被人类所认识，估计整个海洋的矿物资源达6000亿吨。这些资源将为人类解决资源短缺提供巨大的物质支撑力。说海洋是人类未来的"大能源库"，是因为人类可以利用海洋潮汐、波浪、海水温差等发电；海洋中还蕴藏着丰富的油气资源，为陆地可开采量的1.5倍以上；还有海底储藏着10万亿吨的可燃冰，可供人类开采利用100万年。说海洋是人类未来的"大药房"，是因为药学工作者用现代科学方法已经从20多万海洋生物中筛选出具有药理活性的

---

① 《马克思恩格斯全集》（第21卷），人民出版社1984年版，第450页。

海洋生物1000种以上，同时还从海洋矿产和黑泥中发现和提炼出多种药物。既可用于人类疾病的防治，又可用作农牧业的病虫害防治。说海洋会是人类未来的“建材基地”和人类的栖息地，是因为海洋作为地球天气和气候的天然调节器与稳定器，更是对人类的可持续发展起到了至关重要的作用。然而，由于人类对于海洋整体性的认识还不够，导致人类对海洋的过度开发、残酷捕捞、肆意污染，使海洋生态环境日益恶化。这需要引起人类的深刻反思和高度重视，共同应对海洋和地球环境危机。

（四）当今社会对海洋整体性的认识

利奥波德认为，应将道德伦理观念拓展到整个大地，即由自然万物组成的整体。他进一步提出，之所以人类滥用大地，是因为人类把它看作是一种附属品。如果人类把它看作是生命共同体，就会对大地更加热爱和尊重。利奥波德又阐述了大地伦理思想的基本原则，如果人类敬畏、尊重、爱护和维护万物共同体的共生共融、和美平稳和协同发展就是正确的选择；相反，则是错误的选择。[①] 罗德里克·纳什指出：大地被我们滥用，因为我们将它看成是一种属于我们的物品。当我们把人地视作一个我们属于它的共同体时，我们或许开始在使用它的时候带着热爱与尊重。[②] 这是现代社会对大自然，应该也包括对海洋整体性的认识。

当今社会人类对海洋重要性和整体性的认识更加清醒，十分清晰。习近平同志指出：“我国既是陆地大国，也是海洋大国，拥有广泛的海洋战略利益。……要统筹维稳和维权两个大局，坚持维护国家主权、安全、发展利益相统一，维护海洋权益和提升综合国力相匹配。要坚持用和平方式、谈判方式解决争端，努力维护和平稳定。要做好应对各种复杂局面的准备，提高海洋维权能力，坚决维护我国海洋权益。要坚持‘主权属我、搁置争议、共同开发’的方针，推进互利友好合作，寻求和扩大共同利益的汇合点。”[③] 这一论述让我们对海洋重要性和整体性的核心要

① ［美］利奥波德：《沙乡的沉思》，侯文蕙译，经济科学出版社1992年版，第201页。

② ［美］罗德里克·纳什：《大自然的权利》，杨通进译，青岛出版社1999年版，第84页。

③ 习近平：《进一步关心海洋认识海洋经略海洋 推动海洋强国建设不断取得新成就》，《人民日报》2013年8月1日第1版。

义认识得更加深刻，从而，真正把握尊重海洋、顺应海洋、爱护海洋、绿色低碳循环开发海洋、简约适度利用海洋和努力建设海洋强国[①]的规律，这是我们认识和把握海洋整体论的重要指南和真谛所在。

三　对蓝色海洋有机论的认识

泰勒斯认为，万物的本原是“水”，所谓“大地浮在水上”[②]。赫拉克利特则称：这个万物自同的宇宙，既不是任何神，也不是任何人所创造的，它过去是、现在是、将来也是一团永恒的、活生生的火，按照一定的分寸燃烧，按照一定分寸熄灭。[③] 德谟克利特提出了“原子论”思想，代表了这一时期的最高成就。他以“原子”和“虚空”作为自然万物的本原。在希腊语中“原子”的本义是“不可分”的意思，因而是构成万物的最小单位。所谓“虚空”并不是空无所有，而是原子运动的场所，所以像原子一样是实在的。原子在质上是同一的，但是在形状、位置和序列上有差别，所以构成了千差万别的事物。动物和人也是由原子构成，构成人的灵魂的原子比动物的更精致、更圆滑些。[④] 海洋是世界和人类社会的有机组成部分，海洋也是由“原子”组成的有机体。坚持海洋有机论，不仅要关注人与海洋的和谐关系，更要通过制度保障、伦理规范、舆论导向和组织形式构成的良好社会机制来促进海洋与人类社会的有机融合。进而形成关心海洋、认识海洋、经略海洋的体制机制。

上述对海洋自然观、有机论和整体论的论述，让我们进一步认识到促进海洋环境保护和海洋资源保护策略的有机融合并使三者一体化发展是大势所趋。这一趋势对重要而且宝贵的海洋自然资源进行保护尤为迫切、十分必要。为此，我们应当既要牢固树立“海洋环境资源”的自然观和整体论，更要始终把握蓝色海洋有机论，并以此对海洋资源和海洋

---

① 习近平：《进一步关心海洋认识海洋经略海洋　推动海洋强国建设不断取得新成就》，《人民日报》2013 年 8 月 1 日第 1 版。

② 张志伟：《西方哲学十五讲》，北京大学出版社 2004 年版，第 34 页。

③ 同上书，第 36 页。

④ 李德书：《从人类中心主义到生命和谐——动物保护研究》，硕士学位论文，华东政法学院，2007 年。

环境进行统筹考虑，坚持海洋资源开发与海洋环境保护同步规划、同步实施的原则，找出两者关联的规律性并积极促进其有机融合。正如习近平同志要求的“要下决心采取措施，全力遏制海洋生态环境不断恶化趋势，让我国海洋生态环境有一个明显改观，让人民群众吃上绿色、安全、放心的海产品，享受到碧海蓝天、洁净沙滩。要把海洋生态文明建设纳入海洋开发总布局之中，坚持开发和保护并重、污染防治和生态修复并举，科学合理开发利用海洋资源，维护海洋自然再生产能力。要从源头上有效控制陆源污染物入海排放，加快建立海洋生态补偿和生态损害赔偿制度，开展海洋修复工程，推进海洋自然保护区建设”①。只有这样，才能改变海洋资源保护与海洋环境保护相脱节的现状，真正实现海洋资源的可持续利用。

第二节 在认识论上，坚持人与海洋的和谐发展、共同进化

海洋与人类共处于全球生态大系统中。海洋生态环境遭到破坏，势必会影响人类的生存。当前，全球海洋环境污染已经到了触目惊心的程度。如果放任海洋环境持续恶化下去，势必危及世界可持续发展。因而，我国乃至全球要以习近平生态文明思想为引领，尽最大努力保护海洋生态环境，实现海洋生态环境和人类生存和谐发展、共同进化。

一 坚持人与海洋和谐发展的认识论

人与海洋的和谐发展也经历了一个由简单到复杂、由肤浅到深刻、由低级向高级、由现象到本质的曲折认识过程。我国古代非常重视对海洋资源的保护，早在旧石器时代，原始人类就已经食用鱼类了。殷墟甲骨文中，有“获鱼”“大获鱼”“在圃鱼”“获鱼三万”等记载，说明商代的渔业生产已具有相当的规模。到春秋战国时期渔业更是发达。《诗

---

① 习近平：《进一步关心海洋认识海洋经略海洋 推动海洋强国建设不断取得新成就》，《人民日报》2013年8月1日第1版。

经》中记载的鱼类就有十多种。最迟成书于汉初的《尔雅》记载的鱼类则有30多种。鱼作为重要的食物来源和祭祀品，在生产生活中有重要的地位。春秋战国时期的渔业和野生动物一样，有管理的机构和人员，在开发利用的同时注重保护。[①] 如《逸周书·文传解》："山林非时不升斤斧，以成草木之长；川泽非时不入网罟，以成鱼鳖之长；不卵不䴠，以成鸟兽之长。畋猎唯时，不杀童养，不夭胎，童牛不服，童马不驰。不骛泽，不行害，土不失其宜，万物不失其性，天下不失其时。"[②] 还有"禽兽鱼鳖不中杀，不粥于市"[③] 的规定。《论语·述而》载孔子"钓而不纲，弋不射宿"[④]，先民对于保护和合理利用海洋资源是非常重视的。近代西方文艺复兴的出现，解放了人的思想，随着科技革命的出现，以"人类中心主义"海洋生态观占据主要地位，客观上助长了人类对海洋的征服、劫掠、改造和疯狂索取，形成人海对立的扭曲的海洋认识论。近代海洋出现的一系列严重问题，迫使"生态中心主义"海洋生态观为核心的认识论应运而生。它强调人与海洋和谐相处、共生共融、唇齿相依，对海洋的认识更加科学全面。当今社会对人与海洋和谐发展的认识达到了新的高度，正如习近平总书记主持建设海洋强国研究进行第八次集体学习时指出的那样："坚持陆海统筹，坚持走依海富国、以海强国、人海和谐、合作共赢的发展道路，通过和平、发展、合作、共赢方式，扎实推进海洋强国建设。"[⑤] 这充分体现了"追求绿色发展繁荣"的科学海洋生态观、发展观和认识论。可见，无论从中国到世界各国，从古代、近代到现代和当今社会，人与海洋的和谐发展也经历了一个从低级向高级的曲折认识过程，人从自然界衍化而来，人与海洋的关系也是与生俱来、和谐发展的。

---

① 罗骏：《春秋战国时期保护和合理利用自然资源的理论和实践》，硕士学位论文，四川大学，2007年。

② 张闻玉译注：《逸周书全译》，贵州人民出版社2000年版，第91—92页。

③ 同上。

④ 杨伯峻：《论语译注》，中华书局1980年版，第73页。

⑤ 习近平：《进一步关心海洋认识海洋经略海洋　推动海洋强国建设不断取得新成就》，《人民日报》2013年8月1日第1版。

二 坚持人与海洋共同进化的认识论

罗德里克·纳什指出：人类“不仅通过主动适应自然生态环境来谋求自身的生存与发展，而且更加追求彼此之间相互依赖、相互竞争的协同进化”[①]。泰勒认为“地球上完美的世界秩序是这样一种情况：人们在追求自身利益和生活方式的同时，允许生物共同体可以不受干扰地实现它们的存在。只有环境的进化、自然变化及自然选择才能对这些共同体的个体成员进行伤害，而人类的行为则不能”[②]。我们在充分利用丰富海洋资源发展经济的同时，更要坚持人与海洋共同进化的认识论，保护好海洋资源、治理好海洋生态环境。海洋与人类之间关系密切，相互制约、共同进化、相互发展。坚持人与海洋共同进化的认识论，一是要实现海洋可持续发展。关键是实现海洋资源的利用和海洋生态环境保护，以及两者的和谐发展。人与海洋共同进化是在人类对海洋资源的合理利用和海洋生态环境的严格保护进程中实现的。二是要对维护海洋健康发展的海洋保护法律法规和各项规章制度落地落实、严格执法。海洋是否能绿色美丽、海洋资源是否能科学利用、海洋经济是否能可持续和高质量发展，关键在于能否严格执行海洋保护法律法规和各项规章制度，这也是人与海洋共同进化的共识。三是要建设和平和谐的海洋，既要用我国海洋生态文化影响世界，也要尊重和吸收借鉴不同地域、不同国家的海洋生态文化精华，共同促进人与海洋共同进化。四是要树立海洋强国的战略。海洋在世界经济发展中占有越来越重要的地位，海洋强则国强，海洋弱则国衰。这是世界各国人民在与海洋共同进化中得到的深刻启示。因此，我们既不做海洋的奴隶，也不做海洋的劫掠者，而是要做海洋的好朋友、好邻居和好伙伴，努力做到人与海洋共同进化，建设海洋强国，达到海洋生态文化建设的新高度。

---

① 李忠友：《生态文化及当代价值研究》，博士学位论文，吉林大学，2016 年。

② 参见杜向民等《当代中国马克思主义生态观》，中国社会科学出版社 2012 年版，第 105 页。

第三节　在方法论方面，坚持生态学方式科学思维

科学的生态文化在方法论上正是以生态学思维为基础，尤其突出改变过去农业文明和工业文明时代的以自然为中心或者以人为中心的思维方式，而开始运用生态学中的整体系统论观点来正确认识“人因自然而生，人与自然是一种共生关系，对自然的伤害最终会伤及人类自身”①。探究和揭示其中的各种内在稳定性，从而找到合理有效的方法应对问题。这种全新的思维方式，可以更好地指导人类的现实实践，从整体、系统与和谐出发，关注全局和长远，掌握联系并合理利用有限资源促进社会进步与生态水平的提高。

长期以来，由于片面追求经济利益，部分海洋过度开发，使海洋经济可持续发展的物质基础遭到破坏。我国海洋资源的衰退主要表现在海洋生物资源、海洋空间资源方面。其中，海洋渔业资源退化问题最为突出，主要原因在于海洋渔业资源过度捕捞、海洋环境污染、海洋灾害、海洋渔业管理体制不完善、海洋工程对生态环境的破坏等。沿海地区的不合理开发活动，也会造成海岸和海域空间资源的浪费、破坏甚至丧失等。针对以上存在的问题，我们要用海洋生态方式进行科学思维的方法论，坚持海洋生态学观点，坚持开发与保护并重，在开发的同时，着力运用海洋生态修复技术，科学运用生态恢复选址、生态退化诊断、生态恢复措施、生态恢复影响评估、生态恢复监测与成效评估等工作流程，对海草床与海藻场、滨海湿地、渔业资源退化、海水养殖污染、外来物种入侵、海洋溢油、砂质海滩退化九类海洋生态恢复，确保海洋生态系统的修复与保护，构建海洋与人类和谐共处的新局面。

---

① 俞海、刘越、王勇、吴舜泽：《习近平生态文明思想：内涵实质、体系特征与时代意义》，《中国环境报》2018 年 6 月 15 日第 3 版。

第四节 在价值观方面，强调尊重“海洋生命”的价值、生存和发展的权利

阿伦·奈斯指出：“一是生态中心平等主义——若无充足理由，我们没有任何权利除掉其他生命。这种生态中心主义的平等观被奈斯称为是‘生物圈民主的精髓’。生物圈内各种物种之间存在的相互竞争是一种正常的自然现象，但人类因为科技的进步和文化的发展，为了自身的利益经常损害其他物种的利益，威胁到人类以外生物的生存的权利，使整个生态系统遭到了破坏，人类的生存环境逐渐恶化。因此，人类应当认识到自身是生态系统中与其他生物联系紧密的一个部分，应当尊重生物圈内的其他物种，尊重整个生态系统存在的价值。二是自我实现，亦即人类在日渐成熟的过程中，能够和其他生命同舟共济。深生态学家主张，深生态学的自我实现有赖于人类现有精神的进一步成长，要求突破人类的包括非人类世界的确证。我们必须要以一种俗常智慧——即突破我们狭隘的当代价值观念、文化假设、时间与空间的智慧来进行自我的剖析与反思。我们若要实现完全成熟的人格与独特性必须通过这种途径。深层生态学者认为，解除生态危机的唯一方法是改变人类的认识，培养人类的生态良知。”① 阿尔伯特·史怀泽认为“所谓‘敬畏生命’，就是体认生命的尊严和可贵，并珍视生命，在生命面前抱持谦恭和敬畏之意。我们必须将‘生的意志’当作神圣的东西予以肯定尊重，并且畏惧对生命的破坏和压迫。既然要敬畏生命，就绝不只是敬畏人的生命，还包括敬畏一切生物的生命”②。“维护生命、促进生命是善的本质，使可发展的生命的最高价值得以实现；毁灭生命、摧残生命是恶的本质，阻止生命的发展。”③ “一个人的行为，在对维护生命共同体的美丽、和谐和稳定有益时就是正确的；不然，则是错误的。”④ 罗尔斯顿认为：“生态系统的创

① 参见雷毅《深层生态学思想研究》，清华大学出版社 2001 年版，第 44—45 页。

② 李忠友：《生态文化及当代价值研究》，博士学位论文，吉林大学，2016 年。

③ 姜春云：《拯救地球生物圈——论人类文明转型》，新华出版社 2012 年版，第 345 页。

④ ［美］利奥波德：《沙乡的沉思》，侯文蕙译，经济科学出版社 1992 年版，第 223 页。

造性是价值之母……凡存在自发创造的地方，就存在着价值。”[①]“生态中心主义”为核心的海洋思想“逐渐在全球传播，产生了极大的影响，不断推动环保运动和绿色运动的发展，日渐向一个全新的环境保护伦理学体系迈进”[②]。“大地伦理规范要求人类进行维护生态系统的和谐稳定、维护生物物种的多样性、维持土地完整无损的行为。”[③] 它集中体现了尊重“海洋生命”的价值、生存和发展权利的价值观。保护海洋生态环境的平衡，形成循环经济，才能保证人类经济利益的长久保证，所以保护海洋生态，尊重“海洋生命”的价值、生存和发展的权利对于人类社会健康发展是有促进作用的。

第五节　在实践论上，自觉遵循自然规律，开发、利用并保护海洋

泰勒指出：“人类与其他物种一起，构成了地球生命的共同体，构成了一个相互依存的体系。不仅生物生存环境的物理条件影响其生存与福利的损益，而且还受到与其他生物关系的影响；所有的机体都是生命的目的中心，所以每一种生物都是唯一的个体，都有追求其自身的好的独特方式；人类并不是天生就优于其他物种。”[④]“我所捍卫的核心信念是：行动的正当和道德品格之善，依赖于它们表达或体现的一种终极道德态度，那便是尊重大自然。”[⑤] 而 W. H. 默迪则提出自然界中的所有存在物都有其存在的内在价值，正式将非人类的生命纳入人类中心主义的理论范畴，它超越了只站在人类本位的立场上看待和评价自然事物的弊端，能够更客观地把握自然规律。习近平指出“纵观人类文明发展史，生态

① ［美］霍尔姆斯·罗尔斯顿：《环境伦理学：大自然的价值以及人对大自然的义务》，杨通进译，中国社会科学出版社 2000 年版，第 270—271 页。

② 李忠友：《生态文化及当代价值研究》，博士学位论文，吉林大学，2016 年。

③ 章海荣：《生态伦理与生态美学》，复旦大学出版社 2006 年版，第 207 页。

④ 转引自何怀宏《生态伦理——精神资源与哲学基础》，河北大学出版社 2002 年版，第 412 页。

⑤ 江泽慧：《生态文明时代的主流文化——中国生态文化体系研究总论》，人民出版社 2013 年版，第 185 页。

兴则文明兴，生态衰则文明衰。杀鸡取卵、竭泽而渔的发展方式走到了尽头，顺应自然、保护生态的绿色发展昭示着未来。地球是全人类赖以生存的唯一家园。我们要像保护自己的眼睛一样保护生态环境，像对待生命一样对待生态环境，同筑生态文明之基，同走绿色发展之路。我们应该追求携手合作应对问题。面对生态挑战，人类是一荣俱荣、一损俱损的命运共同体。唯有携手合作，我们才能有效应对气候变化、海洋污染、生物保护等全球性环境问题，实现联合国 2030 年可持续发展目标，让绿色发展理念深入人心、全球生态文明之路行稳致远。"①“生态文明建设关乎人类未来，建设绿色家园是人类的共同梦想，保护生态环境、应对气候变化需要世界各国同舟共济、共同努力，任何一国都无法置身事外、独善其身。我国已成为全球生态文明建设的重要参与者、贡献者、引领者，主张加快构筑尊崇自然、绿色发展的生态体系，共建清洁美丽的世界。"②“我们应该追求科学治理精神。生态治理必须遵循规律，科学规划，因地制宜，统筹兼顾，打造多元共生的生态系统。生态治理，道阻且长，行则将至。我们既要有只争朝夕的精神，更要有持之以恒的坚守。"③ 这充分体现了人类自觉遵循自然规律，开发、利用并保护海洋的实践论。

---

① 新华社：《同筑生态文明之基 同走绿色发展之路》，《大众日报》2019 年 4 月 29 日第 1 版。

② 习近平：《推动我国生态文明建设迈上新台阶》，《奋斗》2019 年第 3 期。

③ 新华社：《同筑生态文明之基 同走绿色发展之路》，《大众日报》2019 年 4 月 29 日第 1 版。

第九章

海洋生态文化的结构体系

海洋生态文化作为一种思想意识形态和社会意识的组成部分，展现了当今人类社会人海之间的关系，以及由此引领人类生产和生活等实践活动过程与结果，它的发展既与人类对海洋的认知程度有关，也与人类绿色低碳、简约适度开发利用海洋资源、产业和经济等的实践活动紧密相连。[①] 山东半岛是我国最大的半岛，海岸线长达3345公里，占全国的1/6，近海海域15.95平方公里，与陆域面积基本相当。[②] 沿岸分布有200多个海湾，可建万吨级以上泊位的港址50多处，优质沙滩资源居全国前列；山东半岛还拥有500平方米以上的海岛326个，且多数处于未开发状态；海洋资源类型齐全，可用于开发建设的空间广阔。[③] 此外，山东半岛蓝色经济区域石油、天然气、海洋生物、矿产和海洋旅游等资源丰富，全国约1/3的海洋科研机构和一半以上的海洋高层次科研人才聚集在这里。[④] 同时还拥有海洋交通、港口等类型丰富的海洋自然与人文资源，并有青岛、烟台、威海、日照、长岛县五处国家级海洋生态文明示范区。[⑤] 但人海不和谐因素频现、近海污染严重、不少区域生态系统处于亚健康

---

① 王苎萱：《山东海洋文化发展的生态学走向》，《生态经济》2016年第7期。

② 黄霓：《粤鲁浙海洋经济发展比较》，《新经济》2011年第11期。

③ 徐锦庚：《从陆域迈向海洋——解读〈山东半岛蓝色经济区发展规划〉》，《人民日报》2011年2月16日第21版。

④ 王兆君、刘帅：《基于国际比较的山东省蓝色经济发展对策研究》，《青岛科技大学学报》（社会科学版）2010年第4期。

⑤ 山东省海洋与渔业厅：《2017年山东省海洋环境状况公报》（2015－05－28），http：//www.hssd.gov.cn。

状态、绿潮等海洋灾害风险、海洋生物物种减少等问题仍然存在。乌尔里希·贝克、安东尼·吉登斯等学者由此而讨论“自然界的终结”[①] 这一命题，并且认为，随着科学技术的影响力不断增强，原本意义上的自然界终结了。地球的每一个角落都留下人为的因素，人们的所作所为，正在深深地影响与干预着自然本身发展的走向与态势。也就是说，自然与社会之间的关系也愈加紧密，两者无法分割。[②] 2012 年发表于《自然》的《地球逼近生态临界点》称人类已占用了 43% 的地表，到 2025 年这个数字将达到 50% 。[③] 不要吃鱼，因为鱼是一大污染源。[④] 由于受现代市场社会的文明化和一体化力量，归根结底是基于利用逻辑[⑤]的支配，这要求人类在把握人与海洋关系时建立一种新型的文化形式。当前，随着人类认识海洋，开发、利用和保护海洋的深度和广度不断发展，海洋文化的发展也带有鲜明的时代特征，海洋生态文化的结构体系构建也就成为必然。结合国内外学术界对海洋生态文化建设的研究成果，本书认为，海洋生态文化方面的研究内容从结构层次来看，主要包含以下四个方面：一是海洋生态物质文化研究，包括融入了有关海洋元素的物质产品，如海港与海洋城市、渔民生产生活、渔业服饰、海洋工艺品、海洋饮食、海洋庙宇及庆典场所、海洋旅游景区建设等方面的研究。二是海洋生态精神文化研究，主要包括在海洋物质文化和制度文化基础之上形成的意识形态方面的文化，是人类认识和改造海洋过程中形成的一种集体的习惯和经验，如与海洋有关的价值观、伦理道德、宗教信仰以及各种文学、诗歌、音乐、美学、舞蹈等方面的研究。三是海洋生态制度文化研究，主要包括与海洋有关的各种政治、经济、法律及生产、生活制度等方面

---

① ［美］Authony G. , *The Third Way*: *The Renewal of Social Democracy*, Cambridge: Polity Press, 1998, p. 59.

② ［德］乌尔里希·贝克：《风险社会》，何博文译，译林出版社 2004 年版，第 97—99 页。

③ ［美］Authony D. B. , Elizabeth, A. H. , Jordi, B. , et al. , Approoaching a State Shift in Earth's Biosphere. Nature, 2012, 486 (7401), pp. 52 – 56.

④ Uthony, G. , Christopher, P. , *Conversations With Authony Giddens*: *Making Sense of Modernity*, Cambridge: Polity Press, 1998, p. 57.

⑤ ［德］克劳斯·科赫：《自然性的终结：生物技术与生物道德之我见》，王立君等译，社会科学文献出版社 2005 年版，第 184 页。

的研究。四是海洋生态行为文化研究，主要包括人们在长期与海洋互动过程中形成的一些生活方式、行为习惯和风尚习俗等方面的研究。[①]

第一节　繁荣的海洋生态物质文化

繁荣的海洋生态物质文化既是海洋生态文化的外在表现，又是海洋生态文化的物质支撑。繁荣的海洋生态物质文化包括海洋产业经济生态化和海洋生态资源产业化两个方面。其中，海洋产业经济生态化是建设繁荣的海洋生态物质文化的目标和结果；而海洋生态资源产业化是建设繁荣的海洋生态物质文化的材料或原材料支撑。[②] 繁荣的海洋生态物质文化是海洋生态精神文化、海洋生态制度文化和海洋生态行为文化的基础和源泉，[③] 如果没有繁荣的海洋生态物质文化，先进的海洋生态精神文化、和谐的海洋生态制度文化和规范的海洋生态行为文化就是无源之水、无根之木。因为海洋生态文化的物质层面表现较广，且与制度、精神、行为层面紧密相连。繁荣的海洋生态物质文化包括海洋产业经济生态化和海洋生态资源产业化两个方面。海洋产业经济生态化是指海洋产业经济发展的一种新模式，它主要依据产业生态和关联理论的指导，遵循海洋产业经济自身发展的规律性，对海洋产业经济体系进行优化升级，与海洋产业生态环境内的各要素共生共享、协调发展，以建立科技含量高、低能耗、无（低）污染、经济增长与生态环境相适度的高质量海洋经济发展的新产业、新业态、新模式。可见，海洋产业经济生态化有利于海洋产业结构优化和转型升级；有利于提升海洋产业经济发展的稳定性、协调性和可持续性；有利于建设繁荣的海洋生态物质文化。

海洋经济是以海洋（包括海岸带）为空间活动场所，以海洋资源、

---

① 叶冬娜：《构建基于马克思恩格斯生态思想的海洋生态文化》，硕士学位论文，福建师范大学，2015 年。

② 刘勇、刘秀香：《对我国海洋生态文化建设问题的思考》，《福建江夏学院学报》2013 年第 4 期。

③ 叶冬娜：《构建基于马克思恩格斯生态思想的海洋生态文化》，硕士学位论文，福建师范大学，2015 年。

海洋能源的开发利用为目标，涵盖所有海洋产业的经济活动和经济关系的总称。作为海洋大国，在我国近300万平方公里的海洋区域内，赋存有丰富的海洋生物、海底石油、天然气、海洋潮汐能等资源。开发海洋中巨大的潜在资源，发展海洋经济，推进海陆经济一体化，将成为推动我国经济和社会持续发展，缓解快速转型期人地关系矛盾的重要战略选择。[①]当然，开发风能、太阳能等可再生能源，将成为今后我国科技创新、海洋能源等资源企业生产的主要发展领域。在国际上我国要努力成为海洋新能源开发、释放新生产力的主力军，树立环保节能的新海洋国家形象。要达到这样的目标绝不能仅仅依靠现有的以消耗有限能源等资源为主、污染生态环境的经济发展模式。而是要通过激励科技创新、转变发展方式、激发经济活力、促进可持续发展来加快和提升海洋的深度开发利用。山东半岛蓝色经济区对海洋资源产业化的实现途径主要表现在：一是深度合理开发海洋（把深度合理开发海洋资源，作为山东半岛蓝色经济区建设的重中之重，集中力量抓出成效，努力开辟新的发展空间。利用蓝色经济区海域广阔、海底矿产资源和海中生物资源富集的优势，倾力打造海洋新兴产业；利用港口港区水深域阔、区位优势明显的优势，积极发展海洋交通运输物流业；利用海洋经济的良好产业基础，在巩固已有优势的前提下，积极发展现代海洋渔业，增创新的优势）。二是高效利用海岸（高效利用海岸资源，南北互动、东西拓展，形成复合型黄金海岸和集约型产业带。全力推进临港产业发展，进一步发挥好港口大进大出的枢纽作用，继续膨胀发展汽车、电脑、手机三大产业集群。同时着力培育船舶及海洋工程装备、现代化工、新型冶金和核电四个潜力产业，打造新的生力军；大力发展滨海旅游业，坚持旅游载体、文化灵魂、体育盛会、各类展会、购物娱乐等“多位一体”配套联动，推动滨海旅游业不断上档升级；根据区位、资源、环境承载力等，高水平搞好海湾和滩涂开发，特别是加强滩涂名优高效品种养殖，使之发挥更大效益）。三是科学开发海岛（科学开发海岛资源，打造黄渤海璀璨明珠。今后按照蓝色经济区建设的新要求，把海岛的开发建设摆到更加突出的位置，突

---

① 张意姜：《经济转型期我国海洋资源的产业化开发研究》，《城市》2008年第8期。

出抓好500平方米以上岛屿的开发利用；要重视海岛的科学开发建设和高层次、高品位、高水平利用，挖掘和拉长海岛独特的资源优势，把它们打造成中国北方重要的商务休闲胜地。以实现山东半岛蓝色经济区海洋资源的深度开发）。四是统筹发展海陆（坚持统筹利用海陆资源，大力推进一体化发展。蓝色经济强调海陆统筹、一体推进，在海陆统筹中实现城乡、经济、文化、社会、生态协调发展。从海陆联动的视角谋划和推进山东半岛蓝色经济区建设，把山东半岛海域作为一个有机整体来规划和建设；坚持海陆基础设施统筹建设、海陆产业统筹发展、海陆生产要素统筹配置，以科技为引领、岸线为纽带、园区为支撑，向内辐射、向外拓展，集中力量建设海洋休闲度假、海洋科教文化、港口物流、海洋装备制造业、循环经济型重化产业、海洋生物产业六大基地，打造蓝色经济隆起带，在海陆互动中实现“双赢”）四个方面。[①] 当然，开发利用新能源、发展海洋新兴产业，促进海洋经济高质量发展，建设海洋强省，必须要转变海洋经济发展方式，由传统的高能耗、高排放和高污染的海洋经济发展方式转变为绿色低碳循环和可持续发展方式。我们要充分利用好海洋资源、能源等生产资料和消费资料并发挥它们的作用，正确处理好海洋资源、产业和经济三者之间的关系，促进海洋产业经济生态化和海洋生态资源产业化的良性循环互动与发展。可见，海洋生态资源产业化为海洋生态经济发展提供材料或原材料支撑，也是繁荣的海洋生态物质文化建设的桥梁和纽带。

只有深刻理解海洋产业经济生态化是建设繁荣的海洋生态物质文化的目标和结果；而海洋生态资源产业化是建设繁荣的海洋生态物质文化的材料或原材料支撑这一重要观点，才能重视而且真正把握海洋生态物质文化建设的着力点和突破点，并以此为前提和基础自觉能动地通过各类生产要素简约适度利用海洋资源，绿色低碳循环利用海洋资源进行生产和生活等实践活动，推动先进的海洋生态精神文化、和谐的海洋生态制度文化和规范的海洋生态行为文化协调发展，共同引领海洋生态系统

---

① 刘勇等：《山东半岛蓝色经济区建设的关键问题研究》，中国社会科学出版社2013年版，第125—126页。

的可持续发展。

第二节 先进的海洋生态精神文化

先进的海洋生态精神文化是海洋生态文化的灵魂引领，是海洋生态文化发展的内在动力。先进的海洋生态精神文化表现为一种新的价值观、伦理观、生产和活动方式，以及思维方式等，人类通过这一先进的海洋生态精神文化引领，建设更加繁荣的海洋生态物质文化。因此，先进的海洋生态精神文化是繁荣的海洋生态物质文化的灵魂引领。①

海洋生态精神文化表现为人海之间协同发展的道德价值观念、思维方式、行为习惯、文化艺术等，它是建设海洋生态物质文化的灵魂。② 建设先进的海洋生态精神文化，是山东半岛蓝色经济区等沿海蓝色经济区健康和可持续发展的重要文化基础与引领。先进的海洋生态精神文化建设主要包括：一是深入开展海洋精神文化研究，科学制定海洋文化保护与发展规划，完整保留传统海洋生态记忆。开展海洋知识普及教育，转变人们传统的海洋生产方式、生活方式、思维方式等，以及树立人对海洋新的认识论、价值观、伦理观和实践观等。要让人们更清楚地认识到：海洋是人类生存和发展的根本依托，失去海洋人类将难以生存；海洋和海岸带对于山东半岛蓝色经济区等沿海蓝色经济区来讲，既是资源又是环境，破坏了环境就是破坏了自身发展的基础；树立正确的海洋生态认识论、价值观、伦理观和实践观等，建立海洋生态文明观念，养成尊重海洋、善待海洋的良好习惯，形成积极参与海洋生态建设、维护海洋生态环境的文化自觉。二是营造海洋生态文化氛围，增强人们的海洋生态意识。山东半岛蓝色经济区等沿海蓝色经济区要结合当地的民俗习惯，通过各种形式的活动，广泛开展具有地方特色的海洋生态文化活动，从而形成浓厚的海洋生态文化氛围，陶冶人们的情操，使之在环境的熏陶

---

① 刘勇、刘秀香：《对我国海洋生态文化建设问题的思考》，《福建江夏学院学报》2013 年第 4 期。

② 黄家庆：《广西沿海开发区海洋生态文化构建研究》，《广西社会科学》2016 年第 11 期。

下把海洋生态意识内化于心、外化于行，增强积极性、主动性、自律性和自觉性。三是建设和利用各种载体宣传展示海洋生态文化。建设一批宣传海洋生态环境、海洋生态知识、绿色建设、循环经济的广告牌、宣传栏、海洋生态景观等具有长期影响和人文情怀的建筑物，建设带有科普性质的海洋生态馆园和海洋教育活动场所，以彰显海洋生态主题的人文科学理念。四是充分发挥艺术与传媒的作用，利用各种文化载体展示沿海开发区人海和谐共处、协调发展的成果，形成海洋艺术熏陶与海洋生态健康美丽的文化氛围。持续开展现代化海岸带综合管理、海洋经济发展、海洋生态再造等领域的交流，展示现代海洋发展的成果与文化。五是加快海洋文化创意型产业发展，打造精品海洋精神文化作品。充分挖掘具有海洋元素的歌曲、故事、戏剧等；挖掘海洋民俗文化、海洋宗教文化、海峡两岸文化，打造具有本土特色的海洋文化创意产业模式，对特色海洋文化进行整理和梳理，通过建筑、雕塑、绘画、表演等手段全面反映海洋民俗文化特色。六是拓展海洋生态资源的艺术功能。充分发挥山东半岛蓝色经济区等沿海蓝色经济区海岛、湿地、鸟类等海洋景观资源在雕塑、绘画、文学、摄影中的价值，满足大众的精神需求，提供海洋艺术产业发展平台和多种艺术形式，培养提升公民的海洋艺术修养和文明程度。

第三节　和谐的海洋生态制度文化

和谐的海洋生态制度文化是海洋生态文化建设的规范保证，它既规范着繁荣的海洋生态物质文化发展，又为先进的海洋生态精神文化建设保驾护航。和谐的海洋生态制度文化建设既要不断完善海洋自然生态与环境保护的法律制度，又要在海洋经济发展中遵循市场经济规律和科学决策，还要建立海洋生态文化建设的和谐长效机制，以真正发挥和谐的海洋生态制度文化的规范保证作用。①

---

① 刘勇、刘秀香：《对我国海洋生态文化建设问题的思考》，《福建江夏学院学报》2013 年第 4 期。

构建海洋生态制度文化是一个复杂庞大的社会工程，主要包括“海洋法制文化、海洋生态责任制度文化，以及海洋环境评估与海洋准入制度文化”[1] 三个方面。

海洋法制通过强制性海洋法律法规和规章制度来规范人们的海洋行为和做法，应切实发挥海洋法制文化的教育、引导、辐射和强制等方面的作用，构建好海洋生态制度文化。海洋生态文化的宣传教育和普及、海洋法律法规和规章制度建设、社会公众海洋生态文化意识的提高和行为习惯的规范等是海洋生态制度文化建设的主要部分。环境生态环境保护具有公益性的特征，只有靠严格的海洋法制和制度才能达到预期的目的和效果。[2] 因此，要构建海洋法制文化，一是要学法懂法，了解和掌握我国相关的海洋法律法规，做到有法可依；二是要守法，清楚国家、政府、社会、区域和公民应当各自承担的法律职责，做到有法必依；三是要严格执法，做到违法必究。遵循市场经济规律和海洋规律，实行科学决策，走绿色低碳循环和可持续发展道路，实现海洋法制文化建设的制度化和规范化。

要构建海洋生态责任制度文化，必须首先划分清楚与海洋紧密联系的三大主体，即政府与相关部门、用海者和社会公众，特别是要明确三大主体的职责。政府与海洋相关部门要根据海洋建设的规律，依靠国家政策和制度对海洋进行综合管控；用海者要提高海洋生态伦理水平，主要依靠法律法规对海洋进行绿色低碳循环和可持续开发利用；社会公众要增强海洋生态意识，通过海洋生态道德伦理原则约束自身行为。政府与相关部门、用海者和社会公众三大主体要共同努力构建海洋生态责任制度文化。[3] 山东半岛蓝色经济区等沿海蓝色经济区必须承担起修复海洋生态环境、防止海洋环境恶化的职责，同时，又要主动认领海洋生态制度文化建设的目标责任。

习近平同志指出：“对那些不顾生态环境盲目决策、造成严重后果的

---

① 叶冬娜：《构建基于马克思恩格斯生态思想的海洋生态文化》，硕士学位论文，福建师范大学，2015 年。

② 同上。

③ 同上。

人，必须追究其责任，而且应该终身追责。对破坏生态环境的行为不能手软，不能下不为例。要下大气力抓住破坏生态环境的反面典型，释放出严加惩处的强烈信号。对任何地方、任何时候、任何人，凡是需要追责的，必须一追到底，决不能让制度规定成为'没有牙齿的老虎'。"[①]因此，我们必须加强海洋环境评估与海洋准入制度的文化建设，形成和谐的海洋生态制度文化建设的综合决策机制。在决策重大项目、调整沿海开发区产业结构上，必须经过规范的程序进行前期海洋环境影响评估论证，以优化陆海产业结构，科学布局项目，从源头上强化海洋环境保护。在构建运行有效、科学规范的海洋生态文化制度的同时，还要建立海洋生态文化建设的和谐长效机制，以充分发挥海洋生态制度文化的保障作用。[②]

总之，海洋生态环境保护必须靠制度和法治，只有通过海洋生态法制、制度文化等方面[③]的共同建设，才能构建起和谐的海洋生态制度文化，也才能引领我国海洋生态文明建设，真正实现大海更碧蓝、更宁静、更美丽，真正实现人与海洋共生共融，和谐相处。

第四节　规范的海洋生态行为文化

规范的海洋生态行为文化是构建海洋生态文化的最终体现和结果。传统的生产方式、生活方式和行为方式等造成了海洋资源严重衰退、环境不断恶化、海洋生态子系统再生产能力持续减弱等严重问题，让人类开始反思，其根本原因是由于人类社会对海洋资源环境的索求量和破坏力超出海洋生态子系统承载力范围。我国山东半岛等沿海地区海洋生产方式和生活方式开始由高能耗、高排放、高污染向绿色低碳循环和可持续方向转变，通过改变人的生活方式、消费方式、生产方式和行为方式，将绿色循环的发展方式、绿色低碳的生活方式、简约适度的消费模式和

---

① 习近平：《推动我国生态文明建设迈上新台阶》，《奋斗》2019 年第 3 期。

② 叶冬娜：《构建基于马克思恩格斯生态思想的海洋生态文化》，硕士学位论文，福建师范大学，2015 年。

③ 同上。

人海和谐共处行为方式的理念深刻融入山东半岛蓝色经济区等沿海蓝色经济区人们的日常生活中，不断增强海洋生态环境系统的修复恢复能力和控制适应能力，逐步降低对海洋资源的无序性和劫掠性使用，从根本上解决海洋资源、产业和经济发展与保护海洋生态环境两难的问题，推动两者向新型协调共生、和谐共处状态逐步演进，才能谋求山东半岛蓝色经济区等沿海蓝色经济区更深远的发展，才能使得海洋资源、海洋产业和海洋经济相适应，为整个海洋经济社会绿色低碳循环和可持续协调发展奠定坚实的基础。

一是“倡导简约适度、绿色低碳的生活方式，反对奢侈浪费和不合理消费”[①]。马克思在《〈政治经济学批判〉导言》中曾指出：“生产直接是消费”，“消费直接是生产”，“没有需要，就没有生产。而消费则把需要再生产出来”。“消费这个不仅被看成终点而且被看成最后目的的结束行为”，“又会反过来作用于起点并重新引起整个过程”[②]。可见，消费既是海洋产品再生产过程的目的和终点，也是海洋产品再生产过程的动力与起点。当前，如何正确处理好生产与消费之间的关系，关键是要倡导简约适度、绿色低碳的生活方式，推行反对奢侈浪费和不合理消费的绿色消费模式，彻底摒弃日益蔓延的消费主义，改变山东半岛蓝色经济区等沿海蓝色经济区人们对海洋物质利益的盲从，提倡适度消费和精神消费，杜绝奢侈浪费和不合理消费，努力让简约适度、绿色低碳消费成为一种时尚，大幅度减少高能耗海洋产品的资源耗费，从目的和终点、动力与起点的关键点上推动高质量海洋经济发展的新产业、新业态、新模式成长发展，实现人们向简约适度、绿色低碳的生活方式转变。

二是“加快形成绿色发展方式，是解决污染问题的根本之策。只有从源头上使污染物排放大幅降下来，生态环境质量才能明显好上去。重点是调结构、优布局、强产业、全链条。调整经济结构和能源结构，既提升经济发展水平，又降低污染排放负荷。对重大经济政策和产业布局开展规划环评，优化国土空间开发布局，调整区域流域产业布局。培育

---

① 习近平：《推动我国生态文明建设迈上新台阶》，《奋斗》2019 年第 3 期。

② 《马克思恩格斯选集》（第 2 卷），人民出版社 1995 年版，第 9—17 页。

壮大节能环保产业、清洁生产产业、清洁能源产业，发展高效农业、先进制造业、现代服务业。推进资源全面节约和循环利用，实现生产系统和生活系统循环链接”①。要通过深化供给侧结构性改革，利用“三去一降一补”，解决海洋资源最佳配置、海洋产业优化升级、海洋经济转型高质量发展的问题，彻底转变人们传统的“大量生产、大量消耗、大量排放”的生产模式代之以绿色低碳循环和可持续的发展方式，加快新旧动能转换，真正实现海洋资源、海洋产业和海洋经济良性循环发展，真正实现海洋资源、生产、消费等要素相匹配相适应，海洋经济社会发展和海洋生态环境保护协调统一，人海和谐共处的碧蓝、宁静、美丽海洋。

三是加强海洋绿色低碳环保宣传教育引导，完善和放大网络等信息服务系统。海洋生态行为文化建设需要通过政府及相关部门、用海者和社会公众三大主体共同努力，才能实现最终目标。因此，舆论宣传、引导教育至关重要，它是海洋生态行为文化建设的思想保障。通过舆论宣传、全民共育，构建网络、全员覆盖等形式，真正实现强化宣传教育，营造全民参与氛围，使海洋生态文明建设家喻户晓，深入人心；积极倡导尊重海洋、顺应海洋、爱护海洋，促进全社会价值观念、活动方式、精神状态及思维方式的转变。通过健全机构、完善体系，创新形式、增强效果等途径，建立健全公众参与机制，充分发挥新闻媒体、社会各界及群众的舆论、民主监督；完善有奖举报制度、公众听证会制度和公布海洋环境状况和环保工作信息制度等。从而形成海洋生态文化建设引领、传承和传播机制相统一的引导凝聚机制。实现引领方向的一致性、传承机制的稳定性、传播范围的最大化，增强海洋生态文化理念和意识，促进形成社会合力，促使海洋生态文化建设沿着科学的轨道不断推进，为我国山东半岛蓝色经济区等沿海蓝色经济区海洋生态文化建设提供有力的宣传引导保障。

---

① 习近平：《推动我国生态文明建设迈上新台阶》，《奋斗》2019 年第 3 期。

第十章

海洋生态文化的建设目标

蓝色美丽海洋是新世纪人类社会生存和发展的重要利用空间和开发建设利用的新经济增长极，蕴藏着人类可持续发展的宝贵财富，也是高质量发展的战略要地，[①] 人类社会的可持续发展将越来越多地依赖海洋资源。可见，进入新的世纪，海洋的战略地位和发挥的作用越来越重要，它关系着国家主权、安全和发展利益，关系着我国经济发展格局和对外开放，关系着我国生态文明和海洋强国建设。当今世界国与国之间对海洋的争夺日益激烈，海洋生态文化力的竞争日趋尖锐。海洋生态文化既引领着海洋生态文明的发展方向，又对综合国力竞争起重要支撑、保障、导向甚至决定的关键作用。因此，当前海洋生态文化的建设必须要树立海洋生态理念，科学认知和利用海洋；倡导海洋绿色发展，引领海洋科学发展；共建海洋生态文明，打造和建设美丽海洋三个方面的目标。[②]

第一节　树立海洋生态理念，科学认知和利用海洋

一　进一步树立海洋生态理念，提高向海洋进军的自觉性[③]

随着我国海洋事业的发展，尽管公民的海洋生态理念有了较为明显

① 本报评论员：《做好经略海洋这篇大文章》，《大众日报》2018 年 3 月 11 日第 1 版。

② 刘勇、刘秀香：《对我国海洋生态文化建设问题的思考》，《福建江夏学院学报》2013 年第 4 期。

③ 刘小刚、张晓忠：《关心海洋　认识海洋　经略海洋——习近平海洋强国思想探析》，《江苏理工学院学报》2018 年第 5 期。

的提高，但仍然存在一些问题和不足，一是公民的海洋意识普及不够，缺乏海洋生态观念。部分公民只知道我国有960万平方公里的土地，却不清楚我们还有300多万平方公里的蓝色海洋国土，尤其是海洋蕴含着巨量的各种资源，是我国经济社会发展的重要支撑，也是我国可持续发展的战略保障。二是当前我国公民的海洋生态意识还停留在初级和低层次状态。人类大规模对海洋资源的掠夺性开发利用，虽然拓展了人类的生存空间，提升了海洋经济发展水平，但海洋生态环境的破坏也十分严重。三是山东半岛蓝色经济区等沿海蓝色经济区域由于陆地污水无度、无序、无偿地排放到大海，致使海水污染严重，海水养殖业难以为继，海中生物死亡率增加。四是近海区域重化工企业布局分散，垃圾遍布，关键是重化工布局抵近海洋生态敏感区域，损害了海洋原生态安全，进一步加大了海洋环境的压力。五是由于人们对海洋的粗放式开发使用，使得海水富营养化，从而导致海洋各种自然灾害不断发生。这不仅给海洋生态造成严重破坏，更将给人类自身造成不可估量的损失等。面临诸如此类的相关问题，就要求人们深入了解我国海洋的基本情况，树立“海洋国土”概念、现代海洋理念和海洋生态观念，以海洋生态文化及海洋生态文化建设理论为指导开发、建设、利用并保护我国蓝色海洋。主要是在加强临海、近海、远海的统筹建设，优化海洋资源开发利用的空间布局，提高海洋宏观管理水平和维护我国海洋权益等方面①需要我们进一步树立海洋生态理念，提高人类的海洋生态意识。

习近平同志指出：“我们应该追求科学治理精神。生态治理必须遵循规律，科学规划，因地制宜，统筹兼顾，打造多元共生的生态系统。生态治理，道阻且长，行则将至。我们既要有只争朝夕的精神，更要有持之以恒的坚守。”② 对待海洋生态治理也是如此。当然，我们要敬畏海洋、顺从海洋、热爱海洋、尊重海洋发展规律，但也决不能悲观地回归海洋，要开发利用好海洋，主动向海洋进军。“向海洋挖潜力、要质量、求效

① 刘勇、刘秀香：《对我国海洋生态文化建设问题的思考》，《福建江夏学院学报》2013年第4期。

② 新华社：《同筑生态文明之基　同走绿色发展之路》，《大众日报》2019年4月29日第1版。

益，抢占未来海洋战略制高点。”[①] 实现人们对我国海洋的全面科学认识和把握，以及加快对我国海洋的开发建设、利用保护，为人民谋福祉。要从根本上转变海洋经济发展方式，绿色低碳循环发展海洋经济、缓和海洋资源紧张、减少海洋环境污染，避免重蹈西方国家“先污染后治理”的发展方式，彻底转变人们传统的“大量生产、大量消耗、大量排放”的生产模式。“人类应该主动地达成与海洋的和谐相处，努力处理好人民群众普遍关心的海洋生态环境问题，着力营造人海和谐的社会氛围。”[②]

二 树立可持续发展观念，科学认知和利用海洋

习近平同志强调指出：“21 世纪，人类进入了大规模开发利用海洋的时期。海洋在国家经济发展格局和对外开放中的作用更加重要，在维护国家主权、安全、发展利益中的地位更加突出，在国家生态文明建设中的角色更加显著，在国际政治、经济、军事、科技竞争中的战略地位也明显上升。”[③] “要提高海洋资源开发能力，着力推动海洋经济向质量效益型转变。发达的海洋经济是建设海洋强国的重要支撑。要提高海洋开发能力，扩大海洋开发领域，让海洋经济成为新的增长点。要加强海洋产业规划和指导，优化海洋产业结构，提高海洋经济增长质量，培育壮大海洋战略性新兴产业，提高海洋产业对经济增长的贡献率，努力使海洋产业成为国民经济的支柱产业。”[④] 以习近平同志为核心的党中央高度重视海洋生态文明和海洋强国建设，针对新时期海洋事业的发展提出了一系列新思想、新论断、新要求，这为我们树立可持续发展观念，科学认知和利用海洋提供了重要遵循和指南。

因此，我们要自觉树立可持续发展观念，科学认知和利用海洋。要坚持海洋自然观、海洋整体论和海洋有机论的海洋观；坚持人与海洋的

---

① 本报评论员：《做好经略海洋这篇大文章》，《大众日报》2018 年 3 月 11 日第 1 版。

② 叶冬娜：《构建基于马克思恩格斯生态思想的海洋生态文化》，硕士学位论文，福建师范大学，2015 年。

③ 习近平：《进一步关心海洋认识海洋经略海洋 推动海洋强国建设不断取得新成就》，《人民日报》2013 年 8 月 1 日第 1 版。

④ 同上。

相互依存、共生共融、和谐发展、共同进化的认识论；坚持人类化解海洋生态危机的产生以生态学方式科学思维的方法论；坚持尊重“海洋生命”的价值、生存、发展权利的价值观和伦理观；坚持自觉遵循自然规律，开发、利用并保护海洋的实践论。[①] 坚持绿色低碳循环发展和高质量发展，充分考虑海洋环境与资源的承受能力，不断满足人民对美好生活的需求。海洋环境是海洋经济发展的物质基础，任何以牺牲海洋环境换取一时的海洋经济繁荣都是有害的。我们要正确处理人海关系，注意避免两个极端倾向，一是不顾海洋生态环境承受能力、盲目开发，只讲经济效益，不讲海洋生态环境保护；二是片面强调海洋生态环境保护的重要性，抑制海洋开发和我国山东半岛蓝色经济区等沿海蓝色经济区的经济发展。正确的做法是树立可持续发展观念，科学认知和利用海洋，即在开发利用海洋资源并为人类服务的同时，要重视海洋生态环境的保护。海洋开发要与海洋环境保护、资源保护同步进行，协调发展，以确保海洋资源的永续利用和海洋生态环境的健康发展、平衡。只有这样，才能使海洋经济的发展长盛不衰。

第二节 倡导海洋绿色发展，引领海洋科学发展

一 寻找一条绿色、低碳、循环、可持续开发利用海洋的新路

多年以来，我国在海洋经济发展和海洋开发利用，以及海洋事业综合提升等方面取得了辉煌的成就。可是，在征服海洋的喜悦和成功之后，背后却隐藏着威胁人类生存的重大海洋生态破坏、海洋资源剧减匮乏、海洋环境趋于恶化、绿潮海洋等各种自然灾害频发问题。正如恩格斯曾指出的：“我们对自然界的整个支配作用，就在于我们比其他一切生物强，能够认识和正确运用自然规律。”[②] “我们决不像征服者统治异族人那样支配自然界……我们对自然界的整个支配作用，就在于我们比其他一切动

① 刘勇、刘秀香：《对我国海洋生态文化建设问题的思考》，《福建江夏学院学报》2013 年第 4 期。

② 《马克思恩格斯全集》（第 26 卷），人民出版社 2014 年版，第 769—770 页。

物强，能够认识和正确运用自然规律。……我们不要过分陶醉于我们对自然界的胜利。对于每一次这样的胜利，自然界都报复了我们。每一次胜利，在第一步都确实取得了我们预期的结果，但是在第二步和第三步却有了完全不同的、出乎预料的影响，常常把第一个结果又取消了。……事实上，我们一天天地学会更正确地理解自然规律……渐渐学会了认清我们的生产活动在社会方面的间接的、较远的影响，从而有可能去控制和调节这些影响。"[①] 因此，我们必须倡导海洋绿色发展，引领海洋科学发展，努力寻找一条绿色、低碳、循环、可持续开发利用海洋的新路。必须树立合理开发建设、有效利用保护海洋的思想，加强陆源、海源污染防治，实现海洋高端产业发展和节能减排，有效保护海洋生态环境，积极推进海洋经济绿色发展。通过大力发展绿色经济、低碳经济和循环经济，转变海洋经济发展方式，调整优化升级海洋经济结构，整体提高海洋生产资料的利用率、海洋产业的孵化率和海洋经济质量水平，不断增强海洋生态环境保护和海洋生态恢复能力，实现海洋生态环境与现代海洋经济和谐高质量发展。[②]

二 开发利用海洋需要高度重视人与海洋的和谐相处

倡导海洋绿色发展，引领海洋高质量发展，就是要求人们在开发利用海洋的过程中特别注意人海共融共生、共同进化、协同发展，关爱蓝色美丽海洋。这是重视海洋绿色发展、引领海洋科学发展的重要前提。因此，一是强化海洋绿色开发利用意识，解决海洋经济不平衡、不充分发展问题，满足人们对美好生活的需要，既有利于满足人们亲近海洋、回归海洋的需求，增进人民福祉，又促进了人海和谐、共生共融、合作共赢。二是海洋绿色开发利用要特别注重天、地、人、物等协调统一，即把海洋自然环境、海洋生物活动与人的活动视为一个统一的整体，强调自然万物与人类和谐相处。三是倡导海洋绿色发展，就是要以海洋生

---

① 马克思、恩格斯：《马克思恩格斯全集》（第26卷），人民出版社2014年版，第769—770页。

② 刘勇、刘秀香：《对我国海洋生态文化建设问题的思考》，《福建江夏学院学报》2013年第4期。

态文化为引领，坚持绿色、低碳、循环和可持续发展的生产方式和生活方式，实现显著海洋经济效益、良好海洋生态和优美海洋环境的良性循环，真正做到海洋资源与海洋环境同步协调推进、绿色可持续发展、人与海洋和谐相处。

第三节　共建海洋生态文明，打造和建设美丽海洋

习近平同志指出："我国既是陆地大国，也是海洋大国，拥有广泛的海洋战略利益。经过多年发展，我国海洋事业总体上进入了历史上最好的发展时期。这些成就为我们建设海洋强国打下了坚实基础。我们要着眼于中国特色社会主义事业发展全局，统筹国内国际两个大局，坚持陆海统筹，坚持走依海富国、以海强国、人海和谐、合作共赢的发展道路，通过和平、发展、合作、共赢方式，扎实推进海洋强国建设。"[①] 这就要求我们必须将传统的海洋文化观转变为全新的海洋生态文化观，把海洋生态文化建设和海洋生态文明建设寓于实现中华民族伟大复兴的"中国梦"之中。

一　要保护海洋生态环境，着力推动海洋开发方式向循环利用型转变[②]

坚持绿色低碳循环和可持续观念，努力实现海洋开发利用向海洋绿色发展方式转变。海洋绿色发展方式体现了海洋产业经济生态化和海洋生态资源产业化的生产方式新理念，体现了简约适度和反对浪费的海洋生活方式新时尚，实现海洋经济的高质量发展和满足人民日益增长的优美海洋生态环境需要。

坚持绿色、低碳、循环和可持续观念，努力实现海洋开发利用向海洋低碳发展方式转变。加快海洋新兴产业、高新产业和可再生能源产业

---

① 习近平：《进一步关心海洋认识海洋经略海洋　推动海洋强国建设不断取得新成就》，《人民日报》2013 年 8 月 1 日第 1 版。

② 同上。

发展，坚决取缔高能耗、高污染和高排放的海洋产业；依法依规落实海洋能源的开采和利用。

坚持绿色、低碳、循环和可持续观念，努力实现海洋开发利用向海洋循环发展方式转变。循环开发利用海洋资源、能源等生产资料，循环开发利用海洋生物产品等消费资料，循环开发利用陆海资源，促进海洋资源、海洋产业和海洋经济循环发展，实现海洋经济、海洋生态和海洋环境可持续良性循环互动。

二 要发展海洋科学技术，着力推动海洋科技向创新引领型转变[①]

以海洋创新驱动为第一战略，以海洋人才为第一资源，以海洋科技为第一生产力，通过打造海洋创新平台、推进海洋科技创新、发挥海洋企业自主创新能力、加快科技成果转化等形式，着力发展海洋高新技术，"重点在深水、绿色、安全的海洋高技术领域取得突破。尤其要推进海洋经济转型过程中急需的核心技术和关键共性技术的研究开发"[②]。"推动海洋科技向创新引领型转变。"[③]

三 要维护国家海洋权益，着力推动海洋维权向统筹兼顾型转变[④]

习近平同志指出："我们爱好和平，坚持走和平发展道路，但决不能放弃正当权益，更不能牺牲国家核心利益。要统筹维稳和维权两个大局，坚持维护国家主权、安全、发展利益相统一，维护海洋权益和提升综合国力相匹配。要坚持用和平方式、谈判方式解决争端，努力维护和平稳定。要做好应对各种复杂局面的准备，提高海洋维权能力，坚决维护我国海洋权益。要坚持'主权属我、搁置争议、共同开发'的方针，推进

---

① 刘小刚、张晓忠：《关心海洋 认识海洋 经略海洋——习近平海洋强国思想探析》，《江苏理工学院学报》2018 年第 5 期。

② 习近平：《进一步关心海洋认识海洋经略海洋 推动海洋强国建设不断取得新成就》，《人民日报》2013 年 8 月 1 日第 1 版。

③ 同上。

④ 同上。

互利友好合作，寻求和扩大共同利益的汇合点。”[①]

我们一定要按照习近平同志关于“进一步关心海洋、认识海洋、经略海洋，推动海洋强国建设不断取得新成就”的明确要求，统筹共建人海共生、人海共融、人海一体、人海和谐的氛围，强化海洋生态文化建设和海洋生态文明建设宣传教育，建立健全蓝色美丽海洋的区域合作和公众参与机制，努力形成尊重海洋、关心海洋、热爱海洋、保护海洋的良好意识和氛围，加快推进海洋强国建设，打造蓝色和谐美丽海洋。

---

① 习近平：《进一步关心海洋认识海洋经略海洋　推动海洋强国建设不断取得新成就》，《人民日报》2013年8月1日第1版。

第十一章

山东半岛蓝色经济区海洋生态文化建设的运行和保障体系

面对建设海洋强国和美丽海洋的新形势，习近平同志明确指出："要以马克思主义立场、观点和方法为指导，深入理解和准确把握海洋生态文明的丰富内涵，不断探索和创新发展海洋生态文明建设的理论与实践，切实提高海洋生态文明建设的科学化水平。"[①] 我们要以习近平总书记的重要讲话为指引，紧紧围绕海洋生态文化建设目标，尊重和符合海洋生态文化建设的规律性，从宣传引导、法治保障、提高效率、创新驱动、共建共享和目标实现等关键方面，构建海洋生态文明建设的运行和保障体系。

第一节　山东半岛蓝色经济区海洋生态文化建设的宣传引导保障

海洋生态文化建设需要通过政府及相关部门、用海者和社会公众三大主体共同努力，才能实现最终目标。因此，舆论宣传、引导教育至关重要，它是海洋生态文化建设的环境和氛围保障。

一　营造环境、全民共育，构建网络、全员覆盖

通过营造环境、全民共育，构建网络、全员覆盖等形式，真正实现

---

① 习近平：《决胜全面建成小康社会　夺取新时代中国特色社会主义伟大胜利——在中国共产党第十九次全国代表大会上的报告》，《人民日报》2017年10月28日第1版。

强化宣传教育，营造全民参与氛围，使海洋生态文化建设家喻户晓，深入人心；积极倡导尊重海洋、顺应海洋、爱护海洋，促进全社会价值观念、活动方式、精神状态及思维方式的转变。

（一）营造环境、全民共育，构建网络、全员覆盖建设海洋生态文化

海洋生态文化建设需要通过营造环境、全民共育，构建网络、全员覆盖等途径才能实现。事实证明，公民的海洋生态文化意识观念是可以通过国家对政府及相关部门、用海者和社会公众的宣传、教育和引导内化于心、外化于行的。国家对海洋生态文化建设的教育应该从娃娃抓起，从幼儿园、小学、初中、高中到大学构成大中小学一体、上下贯通的海洋生态文化教育体系，增强海洋意识；各级政府部门和社会团体，应营造环境、全民共育，构建网络、全员覆盖，多渠道、多形式对用海者和社会公众形成尊重海洋、关心海洋、热爱海洋、保护海洋的良好环境。为山东半岛蓝色经济区等沿海蓝色经济区的海洋生态文化建设奠定人文基础。

（二）保障山东半岛蓝色经济区海洋生态文化建设的宣传引导

尤其对于山东半岛蓝色经济区建设来讲，只有取得群众的参与和支持，才能达成海洋生态文化建设的共识，才能促进蓝色经济区的和谐发展。特别应该注意的是，在向用海者和社会公众宣传和普及海洋生态文化及其建设观念时，山东半岛蓝色经济区既有经济社会发展，也包括人海协调发展等。这就要求人类在“五个用海”（科学用海、产业兴海、科技强海、生态护海、开放活海）的过程中，充分发挥海洋生态文化的引领作用，从而为山东半岛蓝色经济区海洋生态文化建设提供宣传引导保障。

二　健全机构、完善体系，创新形式、增强效果

通过健全机构、完善体系，创新形式、增强效果等途径，建立健全的各级政府宣传机构、相关海洋生态文化企业各级各类组织宣传和普及机制，以及社会公众参与机制，充分发挥新闻媒体、社会各界及群众的舆论、民主监督；完善有奖举报制度、公众听证会制度和公布海洋环境状况和环保工作信息制度等。

（一）建立健全社会各级各类组织宣传普及机制

政府宣传机构、相关海洋生态文化企业等各级各类组织，建立长效宣传和普及机制，在政策、资金各方面对山东半岛蓝色经济区海洋生态文化建设宣传工作进行适当的倾斜和扶持，运用多种教育手段和大众传媒工具，宣传倡导绿色循环的发展方式、绿色低碳的生活方式、简约适度的消费模式和人海和谐共处行为方式的理念。要借助政府和相关海洋生态文化企业等各级各类组织的力量，大力推介海洋生态文化建设的意义和必要性，这不仅需要加强与媒体的深度合作，加大新闻报道的力度，保持全方位、立体式、持续性的宣传态势，更需要发挥政府等各级各类组织的影响力、引导力、传播力和公信力来强化宣传引导，形成社会各级各类组织宣传普及机制。

（二）建立健全社会公众积极参与和民主监督机制

进一步建立健全社会公众积极参与沟通协商、民主监督机制，通过完善有奖举报制度、公众听证会制度和公布海洋环境状况和环保工作信息制度等形式，扩大社会公众积极参与和民主监督的渠道，将社会公众参与引入重大项目的决策，真正实现社会公众参与海洋生态环境决策的法律化、程序化和规范化。

（三）创新山东半岛蓝色经济区海洋生态文化建设的宣传形式

在重视电视、广播、报纸等传统媒介的基础上，综合运用互联网条件下数字杂志、数字报纸、数字广播、手机短信、微信、微博、微视频、移动电视、网络、桌面视窗、数字电视、数字电影、触摸媒体、手机网络、公众号、大数据与云计算等新媒体，传播宣传海洋生态文化建设的重大意义、海洋生态文化的发展逻辑、海洋生态文化及其特征、海洋生态文化的基本要求、海洋生态文化的结构体系、海洋生态文化建设的目标、山东半岛蓝色经济区海洋生态文化建设的运行机制和保障体系、山东半岛蓝色经济区建设发展海洋生态文化的有利因素和制约因素、海洋生态文化建设的战略思路等。[①] 建立海洋生态文化建设引领、传承和传播机制相统一的引

---

① 刘勇、刘秀香：《对我国海洋生态文化建设问题的思考》，《福建江夏学院学报》2013 年第 4 期。

导凝聚机制。实现引领方向的一致性、传承机制的稳定性、传播范围的最大化，增强海洋生态文化理念和意识，促进形成社会合力，促使海洋生态文化建设沿着科学的轨道不断推进，为山东半岛蓝色经济区等沿海蓝色经济区海洋生态文化建设提供了有力的宣传引导保障。

第二节　山东半岛蓝色经济区海洋生态文化建设的法治规范保障

《中共中央关于全面推进依法治国若干重大问题的决定》指出："用严格的法律制度保护生态环境……制定完善生态补偿和土壤、水、大气污染防治及海洋生态环境保护等法律法规，促进生态文明建设。海洋渔业领域推进综合执法。"①《中共中央关于坚持和完善中国特色社会主义制度、推进国家治理体系和治理能力现代化若干重大问题的决定》又进一步指出："构建以排污许可制的核心的固定污染源监管制度体系完善污染防治区域联动机制和陆路海统筹的生态环境治理体系。完善生态环境保护法律体系和执法司法制度……健全海洋资源开发保护制度。"② 因此，山东半岛蓝色经济区等沿海蓝色经济区海洋生态文明和海洋生态文化建设必须坚持"有法可依、有法必依、执法必严、违法必究"，不断完善海洋生态文明和海洋生态文化建设的法治约束机制，并为海洋生态文化建设提供制度保障。

一　制定法律法规，保障山东半岛蓝色经济区海洋生态文化建设

（一）建立健全国家海洋环境保护法律法规，保障海洋生态文化建设③

我国自 1982 年颁布《海洋环境保护法》以来，已出台《海域使用管理法》《海岛保护法》和与之相配套的实施条例和标准等涉海资源环境保

① 《中共中央关于全面推进依法治国若干重大问题的决定》，《前线》2014 年第 11 期。

② 《中共中央关于坚持和完善中国特色社会主义制度、推进国家治理体系和治理能力现代化若干重大问题的决定》，《人民日报》2019 年 11 月 6 日第 1 版。

③ 刘赐贵：《守护蓝色家园　共建美丽中国》，《求是》2013 年第 11 期。

护相关法律法规100余部，民法、行政法、刑法等也对涉海环境侵权及违法犯罪行为作出规定；此外，我国还签署并批准了《联合国海洋法公约》《生物多样性公约》《防止倾倒废弃物及其他物质污染海洋的公约》等多项国际涉海环境条约。这一系列涉海法律法规的颁布实施，为我国海洋污染防治、海洋资源养护、海岸带和海岛生态修复等海洋环保工作的开展提供了法律依据。[①] 以上法律法规的颁布实施，为海洋生态文化建设提供了法律保证。也为山东半岛蓝色经济区等沿海蓝色经济区海洋生态文化建设提供了法治保障。

（二）出台地方完备的海洋环境保护法律法规，保障海洋生态文化建设

各级立法机关加紧修订《海洋环境保护法》《防治海洋工程建设项目污染损害海洋环境管理条例》《海洋石油勘探开发环境保护管理条例》等法律及配套法规，增加海洋工程、海岸工程对海洋生态环境的影响，增加海洋石油勘探油污染损害的生态赔偿条款，实施环境损害赔偿制度等内容，不断完善国家层面的海洋生态环境立法及配套法规；重视发挥沿海省、市、地方立法机关的作用，完善地方法律法规，建设完备的法律法规体系，落实海洋环境保护的法律责任。[②] 这为山东半岛蓝色经济区等沿海蓝色经济区海洋生态文化建设提供了有力的法治规范和保障。

总之，中央和地方完备的海洋环境保护法律体系，为保护海洋生态系统、建设海洋生态文化提供了坚实的法治保证。“通过严格执法，严厉打击各类污染和破坏海洋生态环境的违法行为”，[③] “全面推进科学立法、严格执法、公正司法、全民守法”[④]，以及海洋生态环境保护的法治约束机制，为我国海洋生态文化建设提供了坚强有力的法治和制度规范保障。

---

① 李明杰、郑苗壮：《推进海洋生态环境保护法治建设》，《中国海洋报》2014年12月22日第A3版。

② 刘赐贵：《守护蓝色家园 共建美丽中国》，《求是》2013年第11期。

③ 习近平：《决胜全面建成小康社会 夺取新时代中国特色社会主义伟大胜利——在中国共产党第十九次全国代表大会上的报告》，《人民日报》2017年10月28日第1版。

④ 《中共中央关于坚持和完善中国特色社会主义制度、推进国家治理体系和治理能力现代化若干重大问题的决定》，《人民日报》2019年11月6日第1版。

二　完善法规体系，保障山东半岛蓝色经济区海洋生态文化建设

随着海洋事业的不断向前发展，我党提出了建设海洋强国的战略部署，中央和地方也对相应的海洋法规体系进行了修改和完善，全国人民代表大会常务委员会对《中华人民共和国海洋环境保护法》《中华人民共和国渔业法》部分条款进行了修改，制定了《中华人民共和国深海海底区域资源勘探开发法》；国务院制定了《全国海洋主体功能区规划》《海洋标准化管理办法》《国务院关于促进海洋渔业持续健康发展的若干意见》《国务院关于加强滨海湿地保护严格管控围填海的通知》《中华人民共和国海洋倾废管理条例实施办法》；国家海洋局出台了《海洋听证办法》《海洋标准化管理办法实施细则》《海洋工程环境影响评价管理规定》《深海海底区域资源勘探开发许可管理办法》《海上风电开发建设管理办法》《警戒潮位核定管理办法》《国家海洋局海洋工程环境影响报告书核准程序》《海洋灾情调查评估和报送规定（暂行）》《海洋生态损害评估技术指南（试行）》《海域评估技术指引》《海域使用权登记技术规程（试行）》《海岸工程建设项目环境影响报告书征求意见办理程序》《国家级海洋保护区规范化建设与管理指南》《海洋生态损害国家损失索赔办法》《海水增养殖区环境监测与评价技术规程（试行）》《海洋垃圾监测与评价技术规程（试行）》《海水浴场环境监测与评价技术规程（试行）》《基于走航监测的海—气二氧化碳交换通量评估技术规程（试行）》《大气污染物沉降入海通量评估技术规程（试行）》《海水质量状况评价技术规程（试行）》《海洋沉积物质量综合评价技术规程（试行）》《陆源入海排污口及邻近海域环境监测与评价技术规程（试行）》《江河入海污染物总量监测与评估技术规程（试行）》《围填海工程生态建设技术指南（试行）》《深海海底区域资源勘探开发资料管理暂行办法》《深海海底区域资源勘探开发样品管理暂行办法》《海洋油气勘探开发工程环境影响评价技术规范》《海砂开采环境影响规范》《海上风电工程环境影响评价技术规范》等部门规范性文件，形成了比较完备的海洋法规体系，使海洋相关法律法规由事后惩戒向事前预防转变，由过去单纯的海洋污染防控向海洋生态文化建设并重转变，逐步融合相关技术、措施、制度等，使海洋生态文化建设、海洋资源开发利用、修复养护行为彼此关联、相互

配合。同时，修订《山东省海洋环境保护条例》等法规，出台《山东省水生生物资源养护管理条例》等，确保山东半岛蓝色经济区等沿海蓝色经济区海洋生态文化建设的实现。

三 严格执法力度，保障山东半岛蓝色经济区海洋生态文化建设

习近平总书记明确指出："保护生态环境必须依靠制度、依靠法治。我国生态环境保护中存在的突出问题大多同体制不健全、制度不严格、法治不严密、执行不到位、惩处不得力有关。……奉法者强则国强，奉法者弱则国弱。令在必信，法在必行。制度的生命力在于执行，关键在真抓，靠的是严管。"① 这对严格海洋执法，保护海洋生态环境，推进海洋生态文化建设提出了严格的要求。山东半岛蓝色经济区海洋生态文化建设要"严格落实全海域生态红线制度，全面完成 224 个生态红线区分类管控。严格海洋保护区分类管理，加强保护区规范化建设和生态监控。实施沿海防护林质量精准提升工程，加快推进滨州、东营、潍坊等地柽柳林建设，在莱州湾以及威海、青岛、日照、长岛等地开展海藻林养护培育。在黄河三角洲和莱州湾等盐沼湿地区域，因地制宜开展滨海湿地修复工程。加快编制海岸线保护规划，健全自然岸线保有率管控制度；研究实施海岸建筑退缩线制度，海岸线向陆一公里范围内原则上不得新建建筑物。通过受损海域海岛修复、港口空间资源整合等方式，将部分建设用海空间转化为海洋生态空间。实施生态岛礁工程，建设海驴岛生态保育类，北长山岛、刘公岛和灵山岛宜居宜游类，千里岩和大公岛科技支撑类工程。加快建设国家级生态保护与建设示范区"②。

（一）严格海洋执法，保障山东半岛蓝色经济区海洋生态文化建设

2013 年 3 月，党中央重新组建由国土资源部管理的国家海洋局。科学整合海上执法力量，提高执法能力和效率，这是我国海洋管理机构改革的重大进步。但是，要真正做到严格海洋执法，还需要依据《海洋环

---

① 习近平：《推动我国生态文明建设迈上新台阶》，《奋斗》2019 年第 3 期。

② 《省委、省政府印发〈山东海洋强省建设行动方案〉》，《大众日报》2018 年 5 月 12 日第 1 版。

境保护法》，建立科学的海洋管理机制，规范山东半岛蓝色经济区海洋保护开发，强化海岸带、近岸海域生态环境变化趋势的监测与保护，开展海洋环境保护联合执法检查，加强海洋环境保护工作监督，依法保护海洋环境；严格海洋资源管理程序，严格控制和惩罚破坏性的海洋生态损害行为；加强信息化建设，增强海洋环境监控综合决策能力和应急处理能力，促进海洋生态环境管理现代化建设。以落实海洋法律法规的刚性和权威，保证山东半岛蓝色经济区等沿海蓝色经济区海洋生态文化建设，为我国海洋生态文化建设保障体系的构建提供了良好的环境。

（二）提高海洋执法能力，保障山东半岛蓝色经济区海洋生态文化建设

山东半岛蓝色经济区要“积极推进省级海洋执法体制改革，建立陆海一体、部门协同、运行高效的海洋执法队伍体系。建立省级海洋督察制度，对沿海各市落实国家海洋资源环境重大部署、法律法规等情况开展督察。加强海上安全生产监管。实施海洋领域重大执法决定法制审核制度，提高执法规范化水平。建立健全跨省海洋灾害联防联治和执法协作机制，加强重大海洋灾害预警联防协作，有效遏制和严厉打击各类违法违规行为。”① 要制定和完善对管理和执法队伍的考核办法，提高对海洋污染事件、过度捕捞事件等案件的综合处置能力；严格界定海洋污染的标准，将原来没有纳入法律法规的海洋污染盲区，要随着海洋事业的新发展逐项确认并明确惩罚标准；严密监控排出污染物的总量是否超标并及时作出果断处置，对突发性海洋污染事故要高效和及时处理。不断“提升参与国际海洋治理能力，按照国家统一部署，加强山东半岛蓝色经济区涉外海上执法和服务能力建设，在黄海涉外海事管理、海上搜救、海上执法、海洋防灾减灾等方面发挥重要作用。以全球气候变化、海平面上升、海洋酸化、极地治理等全球问题为重点，发起参与国际科学计划和海洋组织，举办国际论坛。设立年度研究资助计划，支持驻鲁科研机构和大学等建设海洋特色智库，为国家参与全球海洋治理贡献力量。”②

---

① 《省委、省政府印发〈山东海洋强省建设行动方案〉》，《大众日报》2018年5月12日第1版。

② 同上。

用强海洋执法能力，来保障山东半岛蓝色经济区等沿海蓝色经济区海洋生态文化建设。

（三）加强海洋执法监督，保障山东半岛蓝色经济区海洋生态文化建设

政府要加强对海洋执法部门和工作人员的监督问责，并把监督人员的监督工作系统化、专业化、制度化、规范化；充分发挥新闻媒体监督作用，对海洋执法部门和工作人员不作为、乱作为，以及对海洋造成污染的责任单位和个人媒体要及时曝光，起到震慑作用并让其付出代价；要鼓励群众监督，完善有奖举报制度、公众听证会制度和公布海洋环境状况和环保工作信息制度等，海洋污染行为直接影响人们的生活质量和水平，而海洋污染的行为恰恰就是由于用海者忽视海洋生态文化建设导致的。因此，治理海洋生态污染必须要走群众路线，紧紧依靠群众，发挥人民群众的“望远镜”“千里眼”作用，加强对海洋执法的监督，保障山东半岛蓝色经济区等沿海蓝色经济区海洋生态文化建设。

第三节　山东半岛蓝色经济区海洋生态文化建设的资金筹措保障

通过建立公共财政投入为主、拓展其他投融资渠道、制定资金投入优惠政策，以及建立健全资金安全运行和绩效评价机制等途径，保证资金筹措和运营安全，为山东半岛蓝色经济区等沿海蓝色经济区海洋生态文化建设提供稳定高效的资金保障。

一　建立公共财政投入为主、拓展其他投融资渠道

建立公共财政投入为主、拓展其他投融资渠道，为我国海洋生态文化建设提供充足的资金保障。政府要将海洋生态环境和海洋生态文化建设资金纳入公共预算支出管理，加大海洋生态环境保护和海洋生态文化创建的财政投入；还要多渠道、多层次、全方位筹集资金，完善海洋环境和海洋生态文化金融政策体系，制定资金投入优惠政策，招商纳贤，鼓励企业投入海洋生态文化建设，逐步形成政府主导、企业自觉、社会支持的多元化海洋生态文化建设资金投入机制。

（一）政府对海洋生态文化建设予以资金扶持

政府财政要鼎力支持和扶植海洋生态文化建设，因此，要出台一系列对于海洋生态文化建设的资金扶持政策，通过财政和税收的手段来促进海洋生态文化建设的发展。

1. 要提供优惠的财政政策。在不减少政府财政收入总量的情况下，对于海洋生态文化建设的财政投入予以政策性倾斜，并逐年加大海洋生态环境保护和海洋生态文化创建的财政投入。对于新兴海洋行业和高精尖新海洋产业应该保障财政投入的增长力度，并逐步扩大财政支持的覆盖范围。省级每年筹集不少于55亿元财政资金，重点围绕实施“十大行动”，全力支持海洋强省建设。① 通过实施高端人才灵活和倾斜政策加快海洋科技创新，② 发挥青岛海洋科学与技术国家实验室等重大创新平台的支撑作用，使之成为海洋高精尖新海洋产品的母机和孵化器，为海洋自主创新能力的提升提供技术支持和智力支持。③ 海洋生态保护工程、蓝色海湾整治行动、渔业增殖放流、渔民减船转产等，促进海洋环境改善。支持海洋基础设施建设，打造国际化强港，加快建设深远海生态牧场基础设施，对我省经国家批准的远洋渔业基地，每个给予最高3000万元补助。支持海洋产业转型升级，促进海洋新兴产业发展壮大和传统产业提质增效，完善渔业补贴政策，推进海洋核心装备国产化和生物医药产业发展，对获得国家一类海洋新药证书并在山东实现产业化的，最高给予3000万元补助。④ 设立海洋生态文化建设专项补助基金，由专门机构管理和监督基金的使用，基金以政府拨款为主，也可以吸收社会资金包括国外的资金投入。

2. 要制定适当的税收政策。应当在可行的政策范围内，根据山东经济发展的实际情况，制定出适应海洋生态文化建设发展的税收优惠政策，

---

① 岳远攀：《经略海洋　山东求强》，《联合日报》2018年5月23日第31版。

② 田德凤、周剑波、陈元涛：《兖矿集团实施新旧动能转换的实践与探索》，《煤炭经济研究》2018年第8期。

③ 同上。

④ 《省委、省政府印发〈山东海洋强省建设行动方案〉》，《大众日报》2018年5月12日第1版。

对从事远洋捕捞、海水养殖、符合条件的海水淡化和海洋能发电项目的企业所得，免征、减征所得税。11 大重点海洋产业，按规定享受新旧动能转换综合试验区相关税收政策。[①] 针对不同的海洋企业和行业的具体情况，采取税金减免、税率返还、差别税率等不同的税收政策，以提高海洋企业发展的积极性、主动性和创造性。

（二）通过市场多渠道、多层次、全方位筹集资金

海洋生态文化的建设与发展需要大量的资金来维持运作，但是长期以来过分依赖政府，投融资渠道单一，造成了海洋生态文化建设发展所需要的资金、技术匮乏。因此，从海洋生态文化建设发展的趋势看，实行投融资机制的多元化，通过市场多渠道、多层次、全方位积极吸收来自各方面的资本，并通过正确的政策引导，发挥资本的最大效益，是增强海洋产业活力的必然选择。良好的金融支持可以有效地促进海洋生态文化建设发展。通过政府投资、信用贷款、国外机构资金注入以及山东半岛蓝色经济区内部资金融通等各种投融资机制，为海洋企业、海洋产业和海洋经济的发展提供血液，实现山东半岛蓝色经济区等沿海蓝色经济区海洋生态文化建设的推动作用。

在新旧动能转换引导基金下设立现代海洋产业基金，发挥蓝色经济区产业投资基金、“海上粮仓”等相关引导基金作用，重点支持海洋科技创新与新兴产业发展。加快青岛金家岭金融区建设，创建以服务海洋经济为目标、财富管理为主题的金融改革创新试验区。鼓励社会资本设立涉海金融机构，支持有条件的金融机构设立海洋经济金融服务事业部、服务中心或特色专营机构。积极稳妥开展海域、无居民海岛使用权和在建船舶、远洋船舶等抵押贷款业务。积极支持符合条件的涉海企业在境内外资本市场上市挂牌。加快发展航运险、滨海旅游险、海洋环境责任险等。加快推进世界银行中国（烟台）食品安全示范项目，争取世界银行等国际金融组织更多贷款支持涉海重点项目。[②] 因此，我们要充分调动

① 《省委、省政府印发〈山东海洋强省建设行动方案〉》，《大众日报》2018 年 5 月 12 日第 1 版。

② 同上。

各方积极性，共同发展海洋产业，为山东半岛蓝色经济区海洋生态文化建设提供稳定高效的资金保障。

二　建立健全建设资金安全运行和绩效评价机制和体系

建立健全海洋生态文化建设资金安全运行和绩效评价机制。决策部门应建立健全资金安全运行的组织体系和资金跟踪监管、追踪问效、审计监督和责任追究等制度，以确保资金使用、运行的安全、高效；同时，建立科学有效的资金运行评价方法、标准和指标体系，逐步确立政府组织评价与非政府组织评价相结合的绩效评价机制。从而，为山东半岛蓝色经济区等沿海蓝色经济区海洋生态文化建设提供安全的资金投资运营保障。

（一）建立健全海洋生态文化建设资金的安全运行机制

海洋生态文化是一种新兴的生态文化形式，特别是高精尖新海洋企业也是新生事物，海洋产业是一项高风险产业。对于海洋生态文化建设资金的安全运行机制的建立健全显得尤其重要。决策部门应建立健全资金安全运行的组织体系和资金专款专用监管制度、资金追踪问效制度等，以确保资金使用、运行的安全、高效；通过建立海洋产业投资基金，可以直接投入海洋产业或海洋企业项目中，这样不至于让新兴海洋产业或海洋企业的投资链中断，海洋产业或企业的整体运行得到保障，并且能够产生良好的资金使用效益。建立海洋产业投资基金主要通过市场运作的方式实现，投资的重点领域主要包括“海洋高端装备制造、海洋生物医药、海水淡化及综合利用、海洋新能源新材料、涉海高端服务、海洋环保等海洋新兴产业”①，以及港口、交通运输等基础设施建设。政府有责任也有义务发挥宏观调控的作用，进行相应的引导、扶持和监管，以保护海洋行业或企业、政府投资，信用贷款，国外机构资金注入以及山东半岛蓝色经济区内部融资等方面的利益，并确保投资海洋生态文化建设的资本保值增值。政府的监管主要包括严格规定海洋生态文化建设投资企业的性质、经营目标、投资方式、投资方向，针对海洋产业资本的性

---

① 《省委、省政府印发〈山东海洋强省建设行动方案〉》，《大众日报》2018 年 5 月 12 日第 1 版。

质，建立健全的会计审计制度以对风险投资进行监管，从而建立健全海洋生态文化建设资金的安全运行机制。

（二）建立健全海洋生态文化建设资金的绩效评价体系

建立健全政府组织评价与非政府组织评价相结合的海洋生态文化建设资金的绩效评价标准和评价体系。对山东半岛蓝色经济区海洋生态文化建设资金的运行进行评价主要使用投入产出法。通过对山东半岛蓝色经济区海洋生态文化建设资金的投入、过程、产出、效果四个阶段的运行情况，加以经济分析并给出合理意见的评价方法。很明显对山东半岛蓝色经济区海洋生态文化建设资金的绩效评价标准和指标体系的构建主要包括投入、过程、产出、效果四个方面。[①] 可见，山东半岛蓝色经济区海洋生态文化建设资金的绩效评价指标体系由 4 个评价一级指标、13 个评价二级指标、31 个评价三级指标构成。如表 11—1 所示。

表 11—1　山东半岛蓝色经济区海洋生态文化建设资金的绩效评价指标体系

评价一级指标	评价二级指标	评价三级指标	绩效评价内容	绩效评分标准
投入（分值 20 分）	项目立项（分值 11 分）	项目立项规范性	项目立项是否符合规定要求	符合规定要求得 4 分，不符合不得分
		绩效目标合理性	绩效目标的设定是否合理	合理充分、体系严密得 4 分，相反则不得分
		绩效指标准确性	绩效指标是否明晰准确	指标明晰准确得 3 分，否则不得分
	资金落实（分值 9 分）	资金到位率	（实际到位资金/计划投入资金）×100%	资金到位率≥90% 得 3 分，＜ 90% 则不得分
		资金到位及时率	（及时到位资金/应到位资金）×100%	到位及时率≥90% 得 3 分，＜90% 则不得分
		资金配套率	（财政资金/应到位资金）×100%。	资金配套率≥90% 得 3 分，＜ 90% 则不得分

---

① 杨录强：《环保专项资金绩效审计评价指标体系构建》，《财政监督》2018 年第 22 期。

续表

评价一级指标	评价二级指标	评价三级指标	绩效评价内容	绩效评分标准
过程（分值22分）	业务管理（分值10分）	组织管理有效性	内部机构设置是否健全、合理并有效率	组织管理有效得3分，否则不得分
		管理制度建立健全性	管理制度是否符合国家要求和规范健全	管理制度完善、健全、充分得3分，否则不得分
		管理制度执行有效性	反映执行过程中的效率性及规范程度	管理制度切实可行、能取得成果得2分，否则不得分
		项目质量可控性	反映和考核项目的完备程度	管理制度可操作性、实施过程有效得2分，否则不得分
	财务管理（分值12分）	财务组织有效性	评价财务组织机构设置是否健全科学及保障度	科学合理有效实施得3分，否则不得分
		财务制度完备性	反映和考核财务管理制度的健全程度与完备程度	健全、完备得2分，否则不得分
		资金使用合规性	反映资金使用的范围和标准的合理程度	资金使用合法合规得2分，不合法合规不得分
		资金预算执行率	（资金实际执行金额/资金预算金额）×100%	执行率≥90%得2分，<90%则不得分
		财务监控有效性	评价财务监管体制机制运行的有效力	财务监控完善有效得2分，否则不得分
产出（分值28分）	产出数量（分值10分）	海洋项目任务完成率	（已完成的项目/计划完成的项目）×100%	海洋环保项目实际完成率≥90%得5分，<90%则不得分
		海洋项目完成任务量	反映项目的完成度和项目完成的效率性	海洋项目完成任务量大于规定任务量的2/3得5分，否则不得分

续表

评价一级指标	评价二级指标	评价三级指标	绩效评价内容	绩效评分标准
产出（分值28分）	产出质量（分值9分）	海洋生态环境质量合格率	前后两年海洋环境质量合格率之差/前后两年海洋环保专项资金支出之差	海洋生态环境质量达标率≥90%得4分，低于则不得分
		海洋水质达标率	当年与去年海洋水质达标率之差/当年与去年海洋环保专项资金支出之差	水质达标率≥90%得5分，低于则不得分
	产出时效（分值6分）	公民对海洋项目的满意程度	反映海洋环保项目是否达到公民要求	满意程度若为A得3分，为B得2分，为C得1分，为D得0分
		海洋污染物安置完成及时率	反映海洋污染物的安置完成度和效率性	海洋污染物若能在3天之内安置完成得3分，完不成不得分
	产出成本（分值3分）	海洋污染物安置成本节约率	投资前后海洋污染物安置成本之差/投资前海洋污染物安置成本	节约率≥90%得3分，低于则不得分
效果（分值30分）	经济效益（分值7分）	GDP增长量	海洋环保专项资金投入带来的地区GDP增长量	GDP增长量只要能体现增长趋势可得4分，否则不得分
		GDP增长率	海洋环保专项资金投入带来的地区GDP增长率	GDP增长率若比去年高得3分，否则不得分
	社会效益（分值7分）	蓝色美丽海洋达成度	反映公民对目前海洋环保效果的认可度	认可度若为A得3分，为B得2分，为C得1分，为D得0分
		公民幸福指数	反映公民对目前生活状态的感受与满意度	若被调查的公民幸福指数>90%的占总调查数的2/3得4分，否则不得分

续表

评价一级指标	评价二级指标	评价三级指标	绩效评价内容	绩效评分标准
效果（分值30分）	生态效益（分值7分）	海洋生态污染修复恢复程度	已经修复恢复海洋污染面积/海洋总污染面积	海洋污染修复恢复率≥70%得4分，低于则不得分
		海洋生态多样性	反映了各物种种群数量的变化情况，用以评价环境质量	生态多样性指数较平均较高得3分，较低不得分
	可持续影响（分值7分）	海洋污染恢复设计先进性	反映海洋污染恢复设计的国际领先水平	污染恢复设计国际领先得3分，低于则不得分
		海洋污染修复技术先进性	反映海洋污染修复技术的国际领先水平	污染修复技术国际领先得4分，低于则不得分
	社会公民满意度（分值2分）	公民对海洋环保项目的满意程度	公民对目前的海洋环境保护进展效果的满意程度	若被抽查的公民对海洋环境保护进展效果的满意程度>90%的占总调查数的2/3得2分，否则不得分

资料来源：参考杨录强《环保专项资金绩效审计评价指标体系构建》，《财政监督》2018年第22期，自行构建资金的绩效评价指标体系。

当然，在评价指标选取和评价指标体系构建过程中，要充分运用专家意见法和层次分析法，逐步形成和确立政府组织评价与非政府组织评价相结合的绩效评价机制。真正建立健全海洋生态文化建设资金的绩效评价机制，为山东半岛蓝色经济区海洋生态文化建设提供稳定高效的资金保障。

第四节　山东半岛蓝色经济区海洋生态文化建设的科技支撑保障

加强海洋领域基础理论研究，实现先进科学技术和管理经营理念在海洋生态文化建设中的应用和科技支撑能力，以及加快海洋领域的技术创新服务平台建设，建立与完善海洋环境与海洋生态文化研究新成果转化的动力机制、制约机制和运行机制，为我国海洋生态文化建设提供科技创新保障。

一 加强海洋领域基础理论研究势在必行

进一步加强海洋环境源头保护、海洋环境损害赔偿、海洋环境污染责任追究、海洋环境治理和生态修复，以及海洋生态文明示范区建设等海洋领域基础理论研究，实现先进科学技术和管理经营理念在海洋生态文化建设中的实际广泛应用和科技支撑能力，不断提升对我国海洋资源、环境、人海关系及其演变规律的认识，为破解当前山东半岛蓝色经济区海洋经济发展中的诸多矛盾、综合协调人海关系和海洋生态文化建设等现实问题奠定理论基础。

当前世界各国围绕海洋高新技术、海洋生产资料、海洋消费资料、海洋主权、海洋话语体系和话语权等方面的竞争日益激烈，竞争背后的实质则是海洋生态文化。海洋绿色、低碳、循环和可持续意识、简约适度和绿色低碳的生产方式、生活方式及思维方式等因素，这些因素恰恰是山东半岛蓝色经济区等沿海蓝色经济区在竞争中处于不败之地的关键支撑。纵观当今世界海洋强国的发展历史，不难看出海洋军事实力和海洋科技等能够体现海洋竞争力，而支撑其最终走上海洋强国道路的则是海洋主体的生产方式和生活方式、海洋话语体系和话语权、海洋制度和法治的完善与否等软实力。因此，海洋领域基础理论研究具有十分重要的基础地位和非常关键的引领作用。构建山东半岛蓝色经济区海洋生态文化研究的理论大厦，需要从思想、制度、政策、手段和方式等多个角度、侧面和方面扩大山东半岛蓝色经济区海洋生态文化的研究领域和研究范畴，为海洋保护与开发提供理论基础。山东半岛蓝色经济区海洋生态文化理论体系是对海洋生态文化发展规律的科学性认知，是勤劳勇敢的中国人民走向海洋之路智慧的结晶。山东半岛蓝色经济区海洋生态文化基础理论体系构建的目标，既是中国海洋生态文化理论体系构建的前提条件，也是新时代建设海洋强国、建设海洋强省的必然要求和迫切需要。因此，加强海洋领域基础理论研究势在必行。

二　建立开放协同高效的海洋科技创新体系

一是以海洋科技创新为引领，以海洋领域的技术创新服务平台和创新团队为支撑，加强海洋环保基础性、前瞻性、关键性技术的研究，提高自主创新能力。发挥海洋重大创新平台的科技支撑作用，利用涉海高校、科研机构和科考平台，促成青岛海洋科学、国际海洋科研力量等形成合力，开展协同攻关，争取国家重大科技基础设施落户山东，建设世界一流的海洋科研力量和海洋科技人才的积聚地。高度重视中国科学院海洋大学科学研究中心、国家深海基地和大洋钻探船（可燃冰钻采船）北部基地母港建设。积极争取E级超级计算机、大洋钻探船等重大科学装置落户山东，支持国家级海洋渔业生物种质资源库建设，加快国家海洋设备质量监督检验中心、中国大洋钻探岩心库、青岛海上综合试验场、威海国家级浅海海上综合试验场、国家暖温型海洋大气自然环境试验站畅通运行。积极推动海洋科技自主创新及其标准研制同步，制定更多的国际、国家标准。[①]

二是加快推进海洋环保前沿关键技术与成果的转化应用，提高成果转化应用水平，从而形成海洋环保科技辐射能力，带动海洋环保高新技术产业发展。发挥涉海骨干企业、产业技术创新战略联盟在集聚产业创新资源、加快产业共性技术研发、推动重大科技成果应用等方面的作用，深化“政产学研金服用”紧密合作的技术创新体系，促进产业链和创新链的深度融合。尽快发掘新兴资源能源、建立海洋新兴产业，促进海洋经济高质量发展，力争到2022年，规模以上涉海工业企业设立研发机构的比例达到30%左右，促进山东半岛蓝色经济区海洋高质量开发利用发展。[②]

三是逐步建立和完善海洋环境与生态文明研究新成果转化的动力机制、制约机制和运行机制，促进科学用海、科学管海，不断提高海洋科

---

① 《省委、省政府印发〈山东海洋强省建设行动方案〉》，《大众日报》2018年5月12日第1版。

② 同上。

技对海洋资源利用、保护改善海洋生态环境状况，以及海洋生态文化建设的科技贡献率和科技支撑力。畅通科技成果转化渠道。全面落实我省进一步促进科技成果转移转化的实施意见等法规及配套政策。鼓励高校、科研院所建立专业化技术转移机构，落实高校、科研院所对其持有的科技成果进行转让、许可或者作价投资的自主决定权。探索国有科研院所海洋科技成果混合所有制改革，调动科研人员科技成果转化积极性。落实以增加知识价值为导向的分配政策，推动研发费用税前加计扣除、所得税递延纳税等各项扶持政策落实。加快建设济青烟国家科技成果转移转化示范区，支持青岛、烟台、潍坊、威海等市建设海洋科技产业聚集示范区。瞄准高端产业和战略性新兴产业，力争到2022年，山东半岛蓝色经济区海洋高新技术企业数量达到700家，海洋科技企业孵化器面积达到200万平方米以上。[①] 通过加快建立开放协同高效的海洋科技创新体系，为山东半岛蓝色经济区等沿海蓝色经济区海洋生态文化建设提供雄厚的科技支撑与保障。

三 创新海洋领域的重大科技创新工程和关键技术

巩固提升我省海洋基础研究整体优势，积极对接国家战略需求，开展天然气水合物成藏、全球海洋变化、深海科学、极地科学等基础科学研究，在若干重要领域跻身世界先进行列。实施“健康海洋”等重大工程，推动“透明海洋”工程规划内容融入国家科技创新2030—重大项目，参与“种业自主创新”国家科技创新2030—重大工程，以及深海关键技术与装备、“蓝色粮仓科技创新工程”等国家重点研发计划。深化与国家自然科学基金委员会合作，鼓励企业和社会力量增加海洋领域基础研究投入。强化基础研究和应用研究衔接融合，突出深水、绿色、安全，重点在海洋生物和油气资源开发、深海运载作业、海洋环境监测、海水淡化和综合利用、海洋能综合利用等领域，每年启动实施一批高端海洋工程装备、深远海养殖、极地渔业、海洋药物与生物制品、海洋环保等重

---

① 《省委、省政府印发〈山东海洋强省建设行动方案〉》，《大众日报》2018年5月12日第1版。

大科技创新工程，突破一批制约产业发展的重大关键技术，对引领海洋产业发展的重大研发项目给予重点支持。[①] 这就为海洋科技事业的发展创造了良好的条件，为建设活力海洋、和谐海洋、美丽海洋、开放海洋和幸福海洋创造了物质技术基础，为实现海洋科技与海洋一体化，加快海洋开发利用提供了重要的物质技术条件。

四　不断建立完善创新科技支撑体制机制

加强央地协同创新，完善部省工作会商机制，统筹科技资源，推动海洋强省和山东半岛蓝色经济区海洋生态文化建设重大事项落实。建立重大创新项目定向委托机制，探索重大海洋科技前沿项目全球招标，研究设立面向全球的海洋创新奖，汇聚全球科技创新资源。支持山东半岛蓝色经济区的海洋科技机构和创新平台等在人才引进、项目申请、经费使用、成果转化等方面的探索创新，建立人才聪明才智迸发、原创科技涌现的体制机制。推进科研院所法人治理结构改革，深化高校科研体制改革试点工作，赋予高校、科研院所更大科研自主权，着力解决科技创新政策落地“最后一公里”问题。抓紧研究、制定符合我省实际的涉海人才分类评价机制改革方案。公益类海洋科研机构在完成科研任务前提下，从事科技成果转化的相关人员可以按照有关规定领取奖金和报酬。[②] 为山东半岛蓝色经济区等沿海蓝色经济区海洋生态文化建设提供科技创新支撑与保障体制机制。

第五节　山东半岛蓝色经济区海洋生态文化建设的长效运行保障

发挥政府调控作用，形成对海洋生态文明建设管理的有效能力和长效机制，以及实现市场在资源配置中的决定性作用，形成有利于海洋生

---

① 《省委、省政府印发〈山东海洋强省建设行动方案〉》，《大众日报》2018 年 5 月 12 日第 1 版。

② 同上。

态环境保护的市场运作机制，提高对海洋生态文化建设管理的常态化、规范化、制度化、信息化和海洋生态环境治理的现代化，为山东半岛蓝色经济区海洋生态文化建设提供可持续发展和质量保障。

一 建立海洋生态文化建设的政策、投资和引导机制

政府的宏观调控作用至关重要，没有政府的决策、投资和引导机制，就没有海洋生态文化建设的健康发展。市场经济条件下，公共性和外部性是海洋生态文化建设的显著特征，因此，建立海洋生态文化建设的决策、投资和引导机制尤为重要。政府及其相关部门应发挥宏观调控作用，全力打造有利于海洋生态文化建设的意识观念环境、法律制度环境、发展平台环境、思维行为环境等，不断推进海洋生态文化建设全面发展。

（一）建立山东半岛蓝色经济区海洋生态文化建设的政策机制

山东半岛蓝色经济区坚持世界眼光、国际标准和山东优势，建立海洋生态文化建设的政策机制。通过创新海洋科技体制机制、保护海洋生态系统环境、建设世界一流天然良港、大力发展海洋新兴产业、优化升级海洋传统产业、打造用好智慧海洋、促进军民深度融合、建设海洋生态文化、加强海洋开放合作和提升海洋治理能力等政策机制创新，实现“绿色发展、循环发展、低碳发展”“坚持节约优先、保护优先、自然恢复为主方针”“以解决生态环境突出问题为导向，保障国家生态安全”，形成对海洋生态文化建设发展的整体保障，为海洋生态文化建设提供持久动力。

（二）建立山东半岛蓝色经济区海洋生态文化建设的投资机制

政府应通过创新财税扶持、投融资服务机制，保证山东半岛蓝色经济区海洋生态文化和“海洋强省”建设的资金来源。遵循财税政策改革方向，强化财政激励和税收引导。支持海洋科技创新，支持海洋基础设施建设，支持海洋产业转型升级，加大资金投入；对重点海洋产业实行税收倾斜政策。设立现代海洋产业基金，发挥山东半岛蓝色经济区产业投资基金、“海上粮仓”等相关引导基金作用，重点支持海洋科技创新与新兴产业发展。从而，形成对海洋生态文化建设发展的有效能力，为海洋生态文化建设提供资金动力。

（三）建立山东半岛蓝色经济区海洋生态文化建设的引导机制

将海洋文化教育纳入全省各级各类宣传教育体系，推动海洋知识、政策、法律等进教材、进课堂、进校园、进机关、进企业、进社区、进乡村，全面增强蓝色国土意识、陆海统筹意识、抱团向海意识、海洋环保意识和海洋安全意识，在全社会进一步营造关心海洋、认识海洋、经略海洋的浓厚氛围。加快海洋科普公共文化设施建设，发展海洋公益民间组织和社团，规划、建设一批海洋科普文化馆、博物馆、图书馆、展览馆等设施，在现有场馆中增加海洋科普、海洋文化内容。依托涉海机构搭建开放灵活的科普宣教共享平台，推动海洋实验室、科技馆、样品馆和科考船等向社会开放。围绕21世纪海上丝绸之路、海洋强国、海洋强省建设，依托主流媒体资源和新业态，讲好海洋故事，传播海洋知识，推动海洋意识由沿海向内陆传播。[①] 为山东半岛蓝色经济区海洋生态文化建设提供持续动力。

总之，海洋生态文化建设关键在于政府，应充分发挥政府的管控作用，服务于海洋生态文化建设，完善海洋生态文化建设公共财政制度，建立独立的促进海洋生态文化建设的税费制度，推行国家、行业和地区的海洋资源权和排污权交易，促进海洋生态环境资本市场的绿色化进程等政策和制度，形成有利于海洋生态文化建设的政策、投资和引导机制，形成对海洋生态文化建设管理的有效能力和长效机制，为海洋生态文化建设提供持续动力。

二　形成有利于海洋生态环境保护的市场运作机制

国家的制度和公共服务的供给是海洋生态环境保护市场运作机制的先决条件和基础要素。虽然海洋资源属于国有，但国家不可能直接进行海洋资源的生产和经营，必须授权涉海企业、单位或个人来进行。因此，海洋经济活动的市场主体就是涉海企业、单位或个人，各级政府和海洋相关部门只是承担调控、监管、服务和协调的经济职能。面临我国经济

---

① 《省委、省政府印发〈山东海洋强省建设行动方案〉》，《大众日报》2018年5月12日第1版。

社会发展新时代，“以提高海洋资源利用效率为目标加快推进经济发展方式转变，努力在促进海洋资源集约节约利用、提高单位岸线和用海面积的投资强度和产出效率、推进优质海洋经济发展、加快海洋传统产业改造升级、大力发展海洋战略性新兴产业和积极培育发展海洋第三产业”[①]等诸多领域发挥市场在资源配置中的决定性作用，形成有利于海洋生态补偿和生态损害赔偿、从源头上有效遏制陆源污染物入海排放等全方位的海洋生态环境保护的市场运作机制。真正实现对海洋生态文化建设管理的常态化、规范化、制度化、信息化和海洋生态环境治理的现代化，为我国海洋生态文化建设提供持久的长效运行保障。

① 国家海洋局机关党校2013年春季第34期干部进修班海洋经济与环保课题组：《我国海洋生态文明建设刍议与对策思考》，《中国海洋报》2013年7月2日第A3版。

第四部分　海洋生态文化建设的有利条件和制约因素

加强海洋生态文化建设，实现海洋强省和海洋强国建设目标，需要我们结合我国沿海蓝色经济区，特别是山东半岛蓝色经济区海洋生态文化的理论与实践，帮助我们找准我国沿海蓝色经济区建设和发展海洋生态文化的有利因素和制约因素，扬长避短，有针对性地达到预期目的。

第十二章

海洋生态文化建设的有利条件

习近平同志提出，要加快建立健全以绿色生产方式和简约适度的生活方式为导向的法律制度与政策体制[①]；健全环保信用评价、信息强制性披露、严惩重罚制度；构建政府企业、社会组织和社会公众“四位一体”共同参与的环境修复恢复体系[②]；建立市场化、多元化生态补偿机制，构建国土空间开发保护制度，[③] 坚决制止和惩处破坏生态环境行为。这就为海洋生态文化的建设与发展创造了有利条件。

第一节　党和政府对海洋生态环境保护的高度关注和重视

党的十九大提出“坚持陆海统筹，加快建设海洋强国”[④] 的战略部署，海洋强国建设和海洋生态文明建设越来越引起党和政府的高度关注和重视，为海洋生态文化确定了正确的建设发展方向。

一　党和政府对海洋生态环境保护的政策不断成熟

习近平同志指出：“党的十八大以来，制定了40多项涉及生态文明

---

① 祝婕：《我国绿色债券市场发展现状及政策建议》，《区域金融研究》2018年第11期。

② 沈满洪、徐璇：《习近平建设海洋强国重要论述研究》，《浙江大学学报》（人文社会科学版）2018年第6期。

③ 包存宽：《生态文明视野下的空间规划体系》，《城乡规划》2018年第5期。

④ 习近平：《决胜全面建成小康社会　夺取新时代中国特色社会主义伟大胜利——在中国共产党第十九次全国代表大会上的报告》，《人民日报》2017年10月28日第1版。

建设的改革方案，从总体目标、基本理念、主要原则、重点任务、制度保障等方面对生态文明建设进行全面系统部署安排。”[①] 并且明确提出了“生态兴则文明兴，生态衰则文明衰”[②]。“生态文明建设是关系中华民族永续发展的根本大计。”[③] 以及加强生态文明建设必须坚持的六项基本原则，海洋生态文明建设又是我国生态文明建设的组成部分，理所当然地被党和政府予以高度关注和重视。习近平同志强调：“坚持陆海统筹，坚持走依海富国、以海强国、人海和谐、合作共赢的发展道路，通过和平、发展、合作、共赢方式，扎实推进海洋强国建设。”[④] 而要实现建设海洋强国的战略部署，就必须要树立绿色、低碳、循环和可持续的海洋经济发展方式，推进海洋科技自主创新，发展高精尖新的企业、产业，生产出更多价廉物美的海洋产品满足人民美好生活的需要；就必须要提倡简约适度的生活方式，促使人们消费模式的转变；就必须以生活方式的转变倒逼生产方式的转变，共同促进海洋生态环境的修复恢复，加强海洋生态环境建设。[⑤] 这充分说明党和政府对海洋生态环境保护的认识越来越成熟，越来越重视，为海洋生态文化的建设发展提供了政策依据和根本遵循。

二 党和政府对海洋生态环境保护的制度日益完备[⑥]

习近平同志指出：“保护生态环境必须依靠制度、依靠法治。”[⑦] 这就给我们保护海洋生态环境和建设海洋生态文化提出了明确要求和根本遵循。当前，我国海洋生态环境保护的制度日趋完备，主要有海洋生态文

---

① 习近平：《推动我国生态文明建设迈上新台阶》，《奋斗》2019 年第 3 期。

② 同上。

③ 同上。

④ 习近平：《进一步关心海洋认识海洋经略海洋 推动海洋强国建设不断取得新成就》，《人民日报》2013 年 8 月 1 日第 1 版。

⑤ 刘小刚、张晓忠：《关心海洋 认识海洋 经略海洋——习近平海洋强国思想探析》，《江苏理工学院学报》2018 年第 5 期。

⑥ 《周生贤主持召开环境保护部党组扩大会议传达学习习近平总书记在中央政治局第六次集体学习时的重要讲话》，《中国环保产业》2013 年第 6 期。

⑦ 习近平：《推动我国生态文明建设迈上新台阶》，《奋斗》2019 年第 3 期。

明产业发展制度[1]（海洋绿色经济、循环经济和低碳经济的市场激励制度，有差别的绿色信贷政策，涉海产业的高新技术产权交易和成果转化政策等）、海洋生态环境资源发展制度（一是预防性制度，包括海洋事业有关规划制度，如海洋功能区划、海洋主体功能区规划和海域污染防治规划等；用海项目环境影响评价、安全评价和风险评估制度；海洋生态环境资源审计制度；海洋环境信息公开制度；海洋自然保护区制度等。二是管控性制度，包括海洋生态环境资源权属制度，海洋生态环境资源许可制度，海洋环境标准制度，海洋生态总量控制制度等。三是救济性制度，包括海洋生态补偿制度，海洋环境公益诉讼制度，海洋生态修复制度等），以及海洋文化发展制度，包括海洋生态文明教育制度、宣传制度和舆论引导制度[2]等。以上党和政府对海洋生态环境保护的制度逐渐完备，为海洋生态文化的建设发展提供了重要前提和保证。

三　党和政府对海洋生态环境保护的法规更加严格

党的十八大以来，全国人民代表大会常务委员会、国务院、国家海洋局和山东省人民代表大会常务委员会对相关的海洋法律法规进行了修改、完善和制定。如表12—1所示。

表12—1　　我国修改、完善和制定的海洋法律法规情况

修订、制定者	海洋法律法规名称	修订或制定
全国人民代表大会常务委员会	《中华人民共和国海洋环境保护法》	修订
全国人民代表大会常务委员会	《中华人民共和国渔业法》	修订
国务院	《全国海洋主体功能区规划》	制定
国务院	《海洋标准化管理办法》	制定

---

① 刘小刚、张晓忠：《关心海洋　认识海洋　经略海洋——习近平海洋强国思想探析》，《江苏理工学院学报》2018年第5期。

② 毛竹、薛雄志：《构建我国海洋生态文明建设制度体系研究》，《海洋开发与管理》2017年第8期。

续表

修订、制定者	海洋法律法规名称	修订或制定
国务院	《国务院关于加强滨海湿地保护严格管控围填海的通知》	制定
国务院	《中华人民共和国海洋倾废管理条例实施办法》	制定
国家海洋局	《海洋听证办法》	制定
国家海洋局	《海洋标准化管理办法实施细则》	制定
国家海洋局	《海洋工程环境影响评价管理规定》	制定
国家海洋局	《深海海底区域资源勘探开发许可管理办法》	制定
国家海洋局	《海上风电开发建设管理办法》	制定
国家海洋局	《警戒潮位核定管理办法》	制定
国家海洋局	《“南北极环境综合考察与评估”专项管理办法》	制定
国家海洋局	《南极考察计划管理规定》	制定
国家海洋局	《国家海洋局海洋工程环境影响报告书核准程序》	制定
国家海洋局	《海洋灾情调查评估和报送规定（暂行）》	制定
国家海洋局	《海洋生态损害评估技术指南（试行）》	制定
国家海洋局	《海域评估技术指引》	制定
国家海洋局	《海域使用权登记技术规程（试行）》	制定
国家海洋局	《海岸工程建设项目环境影响报告书征求意见办理程序》	制定
国家海洋局	《国家级海洋保护区规范化建设与管理指南》	制定
国家海洋局	《海洋生态损害国家损失索赔办法》	制定
国家海洋局	《海水增养殖区环境监测与评价技术规程（试行）》	制定
国家海洋局	《海洋垃圾监测与评价技术规程（试行）》	制定
国家海洋局	《海水浴场环境监测与评价技术规程（试行）》	制定
国家海洋局	《基于走航监测的海—气二氧化碳交换通量评估技术规程（试行）》	制定
国家海洋局	《大气污染物沉降入海通量评估技术规程（试行）》	制定
国家海洋局	《海水质量状况评价技术规程（试行）》	制定
国家海洋局	《海洋沉积物质量综合评价技术规程（试行）》	制定
国家海洋局	《陆源入海排污口及邻近海域环境监测与评价技术规程（试行）》	制定
国家海洋局	《江河入海污染物总量监测与评估技术规程（试行）》	制定

续表

修订、制定者	海洋法律法规名称	修订或制定
国家海洋局	《围填海工程生态建设技术指南（试行）》	制定
国家海洋局	《深海海底区域资源勘探开发资料管理暂行办法》	制定
国家海洋局	《深海海底区域资源勘探开发样品管理暂行办法》	制定
国家海洋局	《海洋油气勘探开发工程环境影响评价技术规范》	制定
国家海洋局	《海砂开采环境影响评价技术规范》	制定
国家海洋局	《海上风电工程环境影响评价技术规范》	制定
山东省人民代表大会常务委员会	《山东省海洋环境保护条例》	修订
山东省人民代表大会常务委员会	《山东省水生生物资源养护管理条例》	制定

正如习近平同志在《推动我国生态文明建设迈上新台阶》中所指出的“制度的刚性和权威必须牢固树立起来，不得作选择、搞变通、打折扣。……对那些不顾生态环境盲目决策、造成严重后果的人，必须追究其责任，而且应该终身追责。对破坏生态环境的行为不能手软，不能下不为例。……决不能让制度规定成为‘没有牙齿的老虎’。”① 党和政府对海洋生态环境保护的法规更加严格，确保了海洋生态文化建设的实现。

四 党和政府对海洋生态环境保护的规划日趋科学

党的十八大以来，党和政府高度重视海洋生态环境保护的规划，相继出台了《全国海洋经济发展“十三五”规划》《“十三五”海洋领域科技创新专项规划》《海洋可再生能源发展“十三五”规划》《海洋卫星业务发展“十三五”规划》《全国海岛保护工作“十三五”规划》等，以及多个地方沿海经济发展规划，基本构建了我国海洋战略框架体系。这些规划的实施，使政府、企业和个人等用海者对海洋生态环境的保护由事后惩戒向事前预防转变，由过去单纯的海洋污染防控向海洋生态文化建设并重转变，让海洋生态环境保护的规划日趋科学，更有针对性、实

① 习近平：《推动我国生态文明建设迈上新台阶》，《奋斗》2019 年第 3 期。

效性和规范性。为适应新时代、新形势海洋生态文明建设需求和回应社会各界的广泛关注，以上日趋科学的海洋生态环境保护规划确保了山东半岛蓝色经济区等沿海蓝色经济区海洋生态文化建设的实现。

第二节 关心海洋、认识海洋、经略海洋，推动海洋强国建设

习近平同志特别强调："建设海洋强国是中国特色社会主义事业的重要组成部分。要进一步关心海洋、认识海洋、经略海洋，推动我国海洋强国建设不断取得新成就。"① 这对山东半岛蓝色经济区等沿海蓝色经济区海洋生态文化建设发展提出了努力目标，提供了基本遵循，创造了有利条件。

一 关心海洋，实现海洋向绿色、低碳、循环、发展方式转变的认同

关心海洋，就需要人类用好海洋、保护好海洋，把人与海洋看成是生命共同体。这是我们实现海洋经济发展方式转变的前提。党的十九大提出："我国经济已由高速增长阶段转向高质量发展阶段，正处在转变发展方式、优化经济结构、转换增长动力的攻关期，建设现代化经济体系是跨越关口的迫切要求和我国发展的战略目标。"② 而要实现海洋向绿色、低碳、循环、发展方式转变，必须首先要关心海洋，适应我国经济发展新时代的特点，推动我国海洋经济高质量发展。③ 即按照习近平总书记所要求的"着力推动海洋经济向质量效益型转变"④。关爱海洋，实现海洋经济发展方式转变已经成为人们的共识，也为山东半岛蓝色经济区等沿

① 习近平：《进一步关心海洋认识海洋经略海洋 推动海洋强国建设不断取得新成就》，《人民日报》2013年8月1日第1版。

② 习近平：《决胜全面建成小康社会 夺取新时代中国特色社会主义伟大胜利——在中国共产党第十九次全国代表大会上的报告》，《人民日报》2017年10月28日第1版。

③ 吴爱娜：《充分发挥海洋标准化服务保障效能 积极促进海洋经济发展方式转变》，《海洋开发与管理》2012年第2期。

④ 习近平：《进一步关心海洋认识海洋经略海洋 推动海洋强国建设不断取得新成就》，《人民日报》2013年8月1日第1版。

海蓝色经济区海洋生态文化建设发展指明了方向。

二　认识海洋，亟须加强海洋生态环境关心和保护的认同

习近平同志指出："生态环境没有替代品，用之不觉，失之难存。"[①]对海洋生态环境也是如此。虽然海洋覆盖地球的近71%，海洋资源十分丰富，但如果不合理利用海洋资源、不重视对海洋生态环境的保护，那么海洋资源迟早会枯竭，海洋生态环境迟早会恶化，人类迟早也会受到海洋的严厉惩罚，这已经被出现的恶劣的海洋自然灾害所证实。因此，我们要正确、全面地认识海洋，在利用海洋为人类造福的同时，切实注意实现海洋绿色、低碳、循环和可持续发展，维护海洋生态环境健康发展，确保蓝色美丽海洋和平和谐发展。我们既不做海洋的奴隶，也不做海洋的劫掠者，而是要做海洋的好朋友、好邻居和好伙伴，努力做到人与海洋共同进化，建设海洋强国。正如习近平总书记所要求的那样"要从源头上有效控制陆源污染物入海排放，加快建立海洋生态补偿和生态损害赔偿制度，开展海洋修复工程，推进海洋自然保护区建设。"[②]认识和对海洋生态环境的关爱是大势所趋、人心所向，也为山东半岛蓝色经济区等沿海蓝色经济区海洋生态文化建设发展提供了遵循。

三　经略海洋，推动海洋经济社会高质量和高水平发展的认同

习近平同志指出，要"坚持走依海富国、以海强国、人海和谐、合作共赢的发展道路，通过和平、发展、合作、共赢方式，扎实推进海洋强国建设"[③]。经略海洋，推动海洋经济社会高质量和高水平发展是实现中华民族伟大复兴的必然要求，也是建设、发展山东半岛蓝色经济区等沿海蓝色经济区海洋生态文化的迫切需要。我们要以新的价值观、伦理观、生产和生活方式，以及思维方式为指导，推动海洋经济社会高质量和高水平发展。正如习近平同志强调的"要发展海洋科学技术，着力推

---

① 习近平：《推动我国生态文明建设迈上新台阶》，《奋斗》2019年第3期。

② 习近平：《进一步关心海洋认识海洋经略海洋　推动海洋强国建设不断取得新成就》，《人民日报》2013年8月1日第1版。

③ 同上。

动海洋科技向创新引领型转变"[①] 这就为山东半岛蓝色经济区等沿海蓝色经济区海洋生态文化的建设发展提供了有利条件。

第三节 对海洋生态文化建设研究的深入发展

海洋生态文化建设意义重大，进入21世纪后日益引起国内外学术界和理论界的关注，并开始对这一问题进行研究。

一 国外专家学者关注海洋生态文化建设的研究

国外专家学者特别关注海洋生态文化建设的研究，一是提出应减少人为因素的干扰、控制噪声污染、保护珍贵的海洋生态环境及生物多样性、治理全球海洋气候的研究，主要代表观点是：C. Michael Hall 认为人为因素的干扰会严重破坏海洋生态文化系统的稳定，应减少人为因素对海洋生态文化的破坏[②]；Hatch 和 Fristrup 建议"应加强协调和规制结构，控制噪声等人为污染，使民众在海洋生态建设中'获取安静的利益'"[③]；韩国学者金胜奎强调科学技术促进海洋发展，同时要保护海洋生态及生物多样性的重要性[④]；海洋文化专家 Masa Kamachi 提出了海洋气候研究对海洋生态文化有重要影响。[⑤] 二是创新发展途径并与海洋建立共发共生关系，以及从人文和生态两个方面考量等加强海洋生态文化建设的研究，主要代表观点是：国际海洋学会主席 Awni Behnam 强调"人类处于新海洋文明时代，同时又存在'发展困局'：海洋越发展，生态和文化越受冲

---

① 习近平：《进一步关心海洋认识海洋经略海洋 推动海洋强国建设不断取得新成就》，《人民日报》2013年8月1日第1版。

② C. Michael Hall, "Trends in Ocean and Coastal Tourism: The end of The Lastfrontier?", *Ocean & Coastal Management*, 4, 2001, pp. 601 - 618.

③ Hatch Leila, T., Fristrup Kurt M., No Barrier at The Boundaries: Implementing Regional Frameworks For Noise Management in Protected Natural Areas, Mar Ecol Prog Ser, 395, 2009, pp. 223 - 244.

④ 《海洋经济热浪拍岸 顶尖专家建言献策——万山海洋开发和海洋经济发展战略高层专家研讨会》，(2012 - 06 - 28)，http://www.zhsw.gov.cn/sww_gqdw/gzdt/201206/t20120628_302094.html。

⑤ 《国际知名海洋同化专家访问南海海洋所》(2004 - 12 - 16)，http://www.cas.cn/hzj l/gjjl/hzdt/200412/t20041216_1713048.shtml。

击，人类需创新发展途径，与海洋建立共发共生关系"[①]；J. Franxis、A. Nilsson 和 D. Waruinge 等认为"海洋生态文化的建设是一个系统工程，既要有人文方面因素的考虑，也要有生态方面的考量"[②]；Millennium Ecosystem Assessment 提出"对海洋生态系统的支撑要素需从政治、经济、文化等不同方面加以保障"[③] 等观点。三是以欧美为代表的发达国家陆续出台一些海洋开发新战略，以推动蓝色海洋向纵深发展等政策的实施。进入 21 世纪，发达国家纷纷开始制定以推动海洋资源与环境协调发展的海洋开发新战略。2001 年，俄罗斯出台了《国家海洋政策》。《加拿大海洋战略》《美国 21 世纪海洋蓝图》《欧盟海洋政策》（绿皮书）、《欧盟海洋综合政策》（蓝皮书）陆续问世。为了贯彻实施新的海洋政策，美国和加拿大分别于 2004 年和 2005 年颁布了国家《海洋行动计划》；2007 年日本通过了《海洋政策基本法》；2009 年英国发布了《海洋与海岸带准入法》；欧盟陆续出台了《海洋产业集聚对策》《近海风能行动计划》《海洋与海洋产业研究战略》《海洋空间规划路线图》等多个海洋行动计划，形成了欧盟海洋政策体系。[④]

二　国内专家学者加强海洋生态文化建设的研究

国内专家学者对海洋生态文化的研究，一是针对海洋文化的生态伦理转向、和谐海洋文化的理念和意识、海洋文化的内涵和精髓、海洋文化与海洋生态文明的关系、构建中国海洋文化理论体系的研究等。主要代表观点是余谋昌指出生态文化的理论要求是确立自然价值论，实践要

---

① 《海洋经济热浪拍岸　顶尖专家建言献策——万山海洋开发和海洋经济发展战略高层专家研讨会》（2012 - 06 - 28），http：//www. zhsw. gov. cn/sww_gqdw/gzdt/201206/t20120628_302094. html。

② 《国际知名海洋同化专家访问南海海洋所》（2004 - 12 - 16），http：//www. cas. cn/hzj l/gjjl/hzdt/200412/t20041216_1713048. shtml。

③ Millennium Ecosystem Assessment. Ecosystems and Human Well - Being：Biodiversity Synthesis. World Resources Institute，Washington，DC. 2005.

④ 刘康：《国际海洋开发态势及其对我国海洋强国建设的启示》，《科技促进发展》2013 年第 9 期。

求是生产方式和生活方式的转变[①]；刘湘溶首次对我国生态文明发展战略进行了系统研究，提出了“一个构建、六个推进”的框架体系[②]；郑冬梅提出海洋生态文明建设对海洋生态环境保护及海洋开发利用影响巨大[③]；王颖指出中国海洋文化具有开放传播性、区域性、亚洲—太平洋边缘海文化的特点[④]；郑冬梅、洪荣标又进一步阐述了海洋环境文化的概念、内涵及重要性，探讨分析了海洋环境文化与海洋经济之间的辩证统一关系[⑤]；孙敏着重概括了海洋环境文化的概念内涵，力求从海洋文化的视角研究探讨海洋环境问题，把海洋环境问题纳入海洋文化研究的框架和内容，并且论述了海洋环境与海洋环境保护两者之间的相互关系[⑥]；杨凡要求从本质上提升公民的文化素养与精神境界，揭示海洋文化的精髓，并以此为引领，开发利用海洋，创造和谐的海洋环境[⑦]。张永贞、张开城认为“提高海洋文化主体的生态意识、合理开发与配置海洋文化资源、完善海洋文化生态的管理与立法、减少我们在开展海洋经济活动中影响海洋文化生态的不良因子、为建设和谐海洋生态文化维护海洋生态环境选择正确的路径”[⑧]。赵利民首次提出要构筑多元化的海洋生态文化宣传平台，为我国海洋经济高质量发展提供强有力的理论支撑。[⑨] 盖雷认为“现今科技高度发达的时代，人类已将海洋视为发展的新兴基地，但同时也

---

① 余谋昌：《环境哲学的使命：为生态文化提供哲学基础》，《深圳大学学报》（人文社会科学版）2007年第3期。

② 刘湘溶：《我国生态文明建设应致力于“一个构建”和“六个推进”》，《湖南师范大学社会科学学报》2008年第4期。

③ 郑冬梅：《海洋生态文明建设——厦门的调查与思考》，《中共福建省委党校学报》2008年第11期。

④ 王颖：《海洋文化特征及中国海洋文化》，《中国海洋报》2008年3月10日第2版。

⑤ 郑冬梅、洪荣标：《关于海洋环境文化建设与海洋环境保护的若干思考》，《海洋环境科学》2008年第1期。

⑥ 孙敏：《关于海洋环境文化建设与海洋环境保护的若干思考》，《海洋环境科学》2008年第1期。

⑦ 杨凡：《浅议海洋文化与海洋环境保护》，《中国海洋文化论文选编》，海洋出版社2008年版，第541页。

⑧ 张永贞、张开城：《关于海洋文化生态的几个问题》，《经济与社会发展》2009年第10期。

⑨ 赵利民：《加强海洋生态文明建设 促进海洋经济转型升级》，《海洋开发与管理》2010年第8期。

给海洋带来了严重的生态破坏；我国政府已将可持续发展政策普及社会发展的各个方面；海洋生态学为人类合理开发利用海洋的实践行为提供了海洋生态学学科的理论依据"[①]；马骏、狄龙着力研究海洋环境保护目标、区域经济发展需求及环境状况诸方面，提出了提高公民海洋环境保护意识的对策。[②]"马德毅强调建立海洋生态环境保护系统，控制并逐渐恢复海洋生态支持力；张开城提出中华文明是农耕文明、游牧文明、海洋文明的统一体，海洋文明是中华文明的重要组成部分；徐质斌建议整理充实提升我国古代海洋文化遗存，构建中国特色的海洋文化史；曲金良提出要将海洋相关人文社会科学与海洋自然理工学科结合起来，跨学科交叉研究来构建中国海洋文化理论体系；娄成武强调开展海洋文化理论研究要基于中国正在'建设海洋强国'这一前提，要具有问题意识和现实导向，为国家海洋强国战略服务"[③]；宋宁而、王聪认为"海洋生态文化的产生及发展与其生存的海洋生态环境、海洋社会环境和海洋生态文化子元素之间的彼此互动关系形成了青岛渔盐古镇韩家村的海洋文化的内部生态环境。因此，要保持海洋生态文化可持续发展，就必须从整体的视角出发来构建海洋生态文化体系"[④]。

二是针对海洋生态文化的概念、内涵、实质、特征、发展历程、结构体系和构建相应的评价分析方法等方面的研究等。主要代表观点是刘勇、刘秀香科学阐述了海洋生态文化的概念内涵及其特征：海洋生态文化以海洋为依托、以人为主体、以人的对象世界为主要表现形式，是人类在与蓝色海洋交往互动过程中形成的价值观念、伦理观念、活动方式、精神状态及思维方式等；因而，它是人与海洋和谐共生、良性循环，从而保持海洋经济可持续发展的一种新的文化形态。海洋生态文化具有源

① 盖雷：《海洋生态学与中国可持续发展》，《学理论》2011 年第 27 期。

② 马骏、狄龙：《海洋环境保护意识和策略探析》，《科技风》2011 年第 4 期。

③ 刘勇、刘秀香：《对我国海洋生态文化建设问题的思考》，《福建江夏学院学报》2013 年第 4 期。

④ 宋宁而等：《海洋文化生态的保护与建设——以青岛渔盐古镇韩家村为例》，《第三届海洋文化与社会发展研讨会论文集》2012 年。

地性、传承性、和谐性、创新性和开放性等特征[①]；江宗超、林加认为，当前广西的海洋生态文化建设面临着资金投入不足、生态文化意识薄弱、制度保障缺位、生态文化人才匮乏及宣传推广乏力等薄弱问题的制约，应通过多种途径加以解决。[②] 叶冬娜提出，海洋生态文化建设的意义重大。[③] 黄家庆指出，广西沿海开发区填海造地破坏了滩涂海湾生态环境，建设港口码头影响了近岸海洋生态系统，建设发展增加了海洋生态环境污染风险，其人口增长给沿海生态环境带来了压力。为提升人们与海洋和谐共处的文化自觉，化解开发区建设、发展与海洋生态保护的矛盾，亟须构建由海洋生态物质文化、海洋生态精神文化、海洋生态制度文化组成的海洋生态文化。[④]《中国海洋生态文化》研究成果发布会 2016 年在深圳召开，“马培华指出，研究中国海洋生态文化，就是要让社会公众了解我国海洋事业科学发展的重要性，形成关心、关注、关爱海洋的文化自觉。江泽慧认为，海洋生态文化要着眼于构建人海和谐共生、协同发展的统一整体，正确处理人海之间的关系，为建设海洋强国战略服务。孙书贤表示，加强海洋生态文明建设已逐渐成为建设海洋强国的必然选择。彭有冬指出，《中国海洋生态文化》一书系统总结和阐述了当今我国海洋生态文化研究的观点和丰富成果，反映出我国专家学者对这一前沿性、关键性和紧迫性问题的高度关注”[⑤]。高雪梅、孙祥山、于旭蓉认为，分析海洋文化与海洋生态文明的关系，明确海洋文化的灵魂作用至关重要，对于探讨海洋文化对海洋生态文明建设中的海洋意识培养、海洋行为规范、海洋文化产业比例提升、海洋生态修复与补偿等方面的影响力，以及建立海洋文化体系、形成体制机制和浓厚的氛围具有积极

---

① 刘勇、刘秀香：《对我国海洋生态文化建设问题的思考》，《福建江夏学院学报》2013 年第 4 期。

② 江宗超、林加：《全广西海洋文化的生态伦理转向》，《长春工业大学学报》（社会科学版）2013 年第 1 期。

③ 叶冬娜：《海洋生态文化观的哲学解读》，《淮海工学院学报》（人文社会科学版）2014 年第 3 期。

④ 黄家庆：《广西沿海开发区海洋生态文化构建研究》，《广西社会科学》2016 年第 11 期。

⑤ 耿国彪：《〈中国海洋生态文化〉研究成果在深圳发布》，《绿色中国》2016 年第 11 期。

作用。[1] 杨柳薏提出海洋生态文化分别是海洋文化和生态文化的组成部分。加强海洋生态文化建设，保护海洋生态环境，必须合理调整人海关系，通过法律法规强化海洋生态文化建设。[2]

三是针对通过公民海洋意识培养，海洋行为规范，政府、社会和公众参与，海洋文化产业比例提升，海洋生态修复与补偿，以及顶层设计我国海洋战略和框架体系构建等措施途径，加强我国海洋生态文化建设的研究等。主要代表观点是赵玲分析了公众参与作为海洋生态文化建设的不可或缺的环节，其途径主要包括：完善公众参与的法律法规，健全海洋资源使用的公众参与机制，重视公众参与的文化传承机制，健全公众参与的行动实践机制四个方面。[3] 马仁锋、侯勃、窦思敏、王腾飞梳理海洋生态文化零散的、多学科的内涵与相关实践，以多元主体及其互动为主线的综合视角诠释海洋生态文化的形成、体系和实践模式。认为：①海洋生态文化认知经历了“观念萌发→感性认识→理性响应→理性→感性交融”过程；②海洋生态文化涵盖物质、行为、体制三层面，不同空间尺度下起主导功能的主体不同，不同主体在建设海洋生态文化过程中扮演不同角色且相互掣肘；③海洋生态文化实践体系包括以政府主导的规划编研及其实施、企业及其他组织的法人管理文化、公众的海洋意识与生活行为等，且中国海洋生态文化实践过程存在政府强势推动，法人组织与公民海洋意识淡薄且缺乏行动指引，海洋生态文化实践亟待提升科学普及与媒介引导等问题。[4] 徐文玉明确指出，海洋生态文化产业的发展是我国海洋生态文明建设和海洋强国战略下产业转型升级的有力践行，但目前我国专家学者对海洋生态文化产业的研究还需进一步深化。力求对海洋生态文化产业的概念、属性、内涵和特征进行界定与阐述，并分析我国海洋生态旅游业等六大海洋生态文化产业形态的发展现状和

---

① 高雪梅、孙祥山、于旭蓉：《“一带一路”背景下海洋文化对海洋生态文明建设影响力研究》，《广东海洋大学学报》2017 年第 2 期。

② 杨柳薏：《海洋生态文化保护的法律思考》，《广西社会科学》2017 年第 4 期。

③ 赵玲：《基于公众参与的海洋生态文化建设初探》，《经济师》2017 年第 8 期。

④ 马仁锋、侯勃、窦思敏、王腾飞：《海洋生态文化的认知与实践体系》，《宁波大学学报》（人文科学版）2018 年第 1 期。

趋势，在此基础上，提出我国海洋生态文化产业发展的应有策略，以期能够丰富海洋生态文化理论体系。[①]我国也积极应对新世纪国际海洋开发形势发生新的变化，党的十八大以来，我国出台了《全国海洋经济发展"十三五"规划》《"十三五"海洋领域科技创新专项规划》《海洋可再生能源发展"十三五"规划》《海洋卫星业务发展"十三五"规划》《全国海岛保护工作"十三五"规划》等海洋经济、海洋科技创新、海洋资源和能源、海洋卫星业务和海岛保护发展规划多个海洋政策规划，加上地方和沿海经济区的海洋政策规划，基本形成了我国海洋建设发展的战略架构体系。

三 对国内外专家学者研究现状及发展趋势的评价

从以上研究成果和观点来看，国外专家学者提出应减少人为因素的干扰、治理全球海洋气候、控制噪声污染、保护珍贵的海洋生态环境及生物多样性、创新发展途径并与海洋建立共发共生关系，以及从人文和生态两个方面考量等加强海洋生态文化建设；特别是以欧美为代表的发达国家陆续出台一些海洋开发新战略，以推动蓝色海洋向纵深发展等。这给本课题的研究和我国海洋生态文化建设提供了很多重要启示和参考。而我国专家学者对于海洋生态文化的研究大多集中于海洋生态文化的概念、内涵、实质、特征、发展历程、结构体系和构建相应的评价分析方法等；通过规范公民的海洋行为，政府、社会和公众参与，海洋文化产业比例提升，海洋生态修复与补偿，完善海洋生态文化立法执法等途径，加强我国海洋生态文化建设。我们要充分吸收国内外关于海洋生态文化建设研究成果及观点的精华，并对当前海洋生态文化及其建设的理论实践进行梳理、分类、提升，并加以借鉴和运用。特别是党的十八届四中全会明确提出了"制定完善海洋生态环境保护等法律法规，促进生态文明建设"[②] 的重大理论观点。以上理论观点和研究成果为我们研究海洋生态文化建设提供了重要启示和理论支持，奠定了基础，创造了条件。

---

① 徐文玉：《我国海洋生态文化产业及其发展策略刍议》，《生态经济》2018 年第 1 期。
② 《中共中央关于全面推进依法治国若干重大问题的决定》，《前线》2014 年第 11 期。

第十三章

海洋生态文化建设的制约因素

在了解和把握海洋生态文化建设有利条件的基础上，还要十分清楚海洋生态文化建设的制约因素，主要包括海洋生态文化建设的制度体系需要进一步建立健全、理论研究氛围还不够浓厚、社会公众参与意识有待提高，以及社会公众海洋环保意识还不强、海洋生态文化建设的政策还需完善、海洋生态文化建设的互动运行机制还需协调等。这就可以让我们扬长避短、趋利避害，加快我国海洋生态文化建设。

第一节　亟须建立健全海洋生态文化建设的制度体系

如前所述，虽然我国海洋生态环境保护的制度体系日趋完善，如由海洋绿色低碳循环和可持续为导向的市场激励制度和信贷政策，涉海产业的高新技术产权交易和成果转化政策等组成的海洋生态文明产业发展制度；由预防性制度（海洋事业有关规划制度，如用海项目环境影响评价、安全评价和风险评估制度，海洋生态环境资源审计制度，海洋环境信息公开制度，海洋自然保护区制度等）、管控性制度（海洋生态环境资源权属制度、海洋生态环境资源许可制度、海洋环境标准制度、海洋生态总量控制制度等[①]）、救济性制度（海洋生态补偿制度、海洋环境公益

① 施瑶：《公众参与海洋环境污染防治的法律机制研究》，硕士学位论文，哈尔滨工程大学，2013年。

诉讼制度、海洋生态修复制度等[1]）组成的海洋生态环境资源发展制度[2]；以及由海洋生态文明教育制度、宣传制度和舆论引导制度组成的海洋文化发展制度，[3] 形成了日趋完善的海洋生态环境保护的制度体系。[4]

但当前我国海洋生态文化建设制度体系的总体架构还没有完全形成，[5] 各项制度之间的紧密联系与相互支撑还存在较大距离，这势必会影响海洋生态文化建设急需的各项具体制度的建立健全。因此，很难让山东半岛蓝色经济区的人们在与蓝色海洋交往互动过程中形成新的价值观念、伦理观念、生产方式、活动方式、精神状态及思维方式等，也很难"坚持海洋自然观、海洋整体论和海洋有机论的海洋观；坚持人与海洋的相互依存、共生共融、和谐发展、共同进化的认识论；坚持人类化解海洋生态危机的产生以生态学方式科学思维的方法论；坚持尊重'海洋生命'的价值、生存、发展权利的价值观和伦理观；坚持自觉遵循自然规律，开发、利用并保护海洋的实践论"[6] 等海洋生态文化建设的核心要义和中心内涵。这将会对我国海洋生态文化建设产生制约作用。

第二节　海洋生态文化建设的理论研究氛围还不够浓厚

新世纪以来，虽然国内外专家学者关注了对海洋生态文明和海洋文化建设的理论研究，取得了一些研究成果，获得了较大进展，但是对海洋生态文化这一全新的概念和海洋生态文化建设理论研究氛围还不够浓厚，特别是以山东半岛蓝色经济区为例进行海洋生态文化建设的整体研

① 施瑶：《公众参与海洋环境污染防治的法律机制研究》，硕士学位论文，哈尔滨工程大学，2013 年。

② 毛竹、薛雄志：《构建我国海洋生态文明建设制度体系研究》，《海洋开发与管理》2017 年第 8 期。

③ 同上。

④ 郑贵斌：《蓝色经济实践与海洋强国建设前瞻》，《理论学刊》2014 年第 3 期。

⑤ 同上。

⑥ 刘勇、刘秀香：《对我国海洋生态文化建设问题的思考》，《福建江夏学院学报》2013 年第 4 期。

究较少，更谈不上深入的研究。

而要形成海洋生态文化建设理论研究的浓厚氛围，就要求我国所有公民从小做起，从娃娃抓起，定期或不定期、长期计划与短期培训相结合对全体公民进行终生海洋知识的学习和教育，进一步强化全国各族人民的海洋意识和观念[①]；建立协作的海洋教育网，协调海洋教育；把研究和教育结合起来，在中小学教育中增加海洋教育，加强对高等教育和未来海洋工作力量的投资，[②] 逐步形成大中小学贯通和立体化的海洋学习和教育体系。要求我们十分清楚我国海洋生态文化建设是社会主义文化建设的重要组成部分，是生态文化研究领域的前沿性、紧迫性、重点性问题。海洋生态文化是海洋生态文明的基础和先导，海洋生态文明是海洋生态文化的核心和结果，两者互相制约又互相促进，共同影响海洋生态文明建设的进程。[③] 要求人们必须以全新的海洋生态文化观为指导，转变传统的海洋文化观，用新的价值观念、伦理观念、生产方式、活动方式、精神状态及思维方式等处理人与海洋的关系，科学统筹人与海洋的和谐发展；用海洋生态文化引领海洋生态文明建设，努力形成关心、珍惜、保护海洋生态环境和海洋资源的良好环境，建设蓝色美丽海洋，建设海洋强国和海洋强省。

但目前山东半岛蓝色经济区在海洋生态文化建设的理论研究尚未形成浓厚的氛围，造成部分干部和群众还缺乏海洋生态文化引领的正确的价值观、政绩观、财富观和生活观等，致使新的生产和生活方式、精神状态及思维方式等不可能短时间形成。可见，营造山东半岛蓝色经济区浓厚的海洋生态文化理论研究氛围任重道远。

---

① 施瑶：《公众参与海洋环境污染防治的法律机制研究》，硕士学位论文，哈尔滨工程大学，2013 年。

② 顾自刚：《发达国家海洋经济发展经验对浙江的启示》，《宁波广播电视大学学报》2013 年第 2 期。

③ 刘勇、刘秀香：《对我国海洋生态文化建设问题的思考》，《福建江夏学院学报》2013 年第 4 期。

第三节 海洋生态文化建设的社会公众参与意识有待提高

由于山东半岛蓝色经济区海洋生态文化建设起步较晚，况且社会公众树立海洋生态意识又是十分缓慢的过程，需要通过海洋生态文化的宣传和教育来培养，并通过媒体舆论进行有效引导。如果政府、社会和媒体在引导全社会海洋意识发展方面缺乏长效、健全的宣传推广机制，教育机构的海洋基础教育如海洋历史、海洋法律、海洋生态保护等相关知识的普及工作没有形成统一、健全的系统。[①] 那么就会导致山东半岛蓝色经济区的社会公众对海洋生态文化建设的形势、任务、目标、意义和措施等认知度不高，参与意识不强。宣传引导的滞后导致“重陆轻海”“重开发、轻保护”“先污染后治理”的思想意识在短期内难以转变，社会公众海洋环保意识的淡薄势必影响海洋生态文化建设相应政策、措施的推广和应用，甚至会产生抵触情绪。[②] 这也会对山东半岛蓝色经济区的海洋生态文化建设形成阻碍。

此外，山东半岛蓝色经济区社会公众海洋环保意识还不强、海洋生态文化建设的政策还需完善、海洋生态文化建设的互动运行机制还需协调等问题不同程度存在，也会制约和影响山东半岛蓝色经济区海洋生态文化建设的进程。

---

① 鹿红：《我国海洋生态文明建设研究》，博士学位论文，大连海事大学，2018 年。

② 张丽婷、段康弘、刘婷婷、张震海：《区域共建模式下海洋生态文明示范区建设的探究》，《海洋开发与管理》2014 年第 10 期。

第五部分　以山东半岛蓝色经济区建设为典型，构建我国海洋生态文化建设的战略对策

借鉴国内外先进经验，以山东半岛蓝色经济区建设为典型，进行探索，从战略目标、战略重点和战略措施等方面设计和构建我国海洋生态文化建设的战略对策。

进入新世纪，人类的生存和发展需要寻求新的资源和能源等生产资料、消费资料，找到一种新的经济发展方式和人类生活方式，扩展新的更大的发展时空，这样，人类自然而然地就把海洋作为拓展的焦点和重点，绿色循环开发海洋和简约适度利用海洋必然就成为世界各个国家和地区发展的战略选择。[①] 曲金良认为，人类跨入"海洋时代"就标志着整个世界各国之间海洋科技、海洋军事、海洋经济、海洋资源、海洋权益竞争必将更加激烈，[②] 争夺海洋的斗争也必将愈演愈烈。习近平同志指出"海洋在国家经济发展格局和对外开放中的作用更加重要，在维护国家主权、安全、发展利益中的地位更加突出，在国家生态文明建设中的角色更加显著，在国际政治、经济、军事、

① 董学清：《海洋发展指数　认知海洋的风向标》，《走向世界》2014 年第 1 期。

② 曲金良：《中国海洋文化研究的学术史回顾与思考》，《中国海洋大学学报》（社会科学版）2013 年第 4 期。

科技竞争中的战略地位也明显上升。”① 习近平总书记从国家长治久安和长远发展的战略高度，阐述了海洋在经济发展整体布局、改革开放的不断深化、防范和化解国家安全风险、加强海洋生态文明建设，以及建设海洋强国的战略地位和重要作用，这就给我们构建海洋生态文化建设的战略对策提供了重要遵循，指明了正确方向。

因此，加快山东半岛蓝色经济区海洋生态文化建设的战略目标是引领海洋生态文明发展，建设海洋强省，为海洋强国建设提供借鉴参考。战略重点是促进海洋经济由传统的粗放式发展方式向绿色、低碳、循环发展方式转变，加快海洋经济高质量发展，完善山东半岛蓝色经济区等沿海蓝色经济区海洋产业整体布局；促进海洋资源、海洋产业、海洋经济和海洋生态环境之间的良性循环；有利于不断深化山东半岛蓝色经济区等沿海蓝色经济区的改革开放，提高与世界各国海洋经济的交流合作，维护国家海洋战略安全。战略措施是加强社会公众的海洋生态文化教育，强化全民海洋意识；推进海洋经济发展方式转变，科学适度利用海洋空间资源；建立完善山东半岛蓝色经济区海洋生态文化建设评价指标体系；统筹国内国际两个大局，保证国家海洋战略安全。

① 习近平：《进一步关心海洋认识海洋经略海洋 推动海洋强国建设不断取得新成就》，《人民日报》2013 年 8 月 1 日第 1 版。

第十四章

山东半岛蓝色经济区海洋生态文化建设的战略目标

真正落实山东半岛蓝色经济区等沿海经济区建成海洋经济发达、产业结构优化、人与自然和谐的蓝色经济区，率先基本实现现代化的发展规划目标，要求我们必须把海洋生态文化建设作为重要的理论引领。海洋生态文化建设需要构建人海共生共融和协同进化的有机整体，这是实现半岛蓝色经济区全方位发展的题中之意。因此，需要从两个层面推进海洋生态文化的建设和发展：一是了解和把握海洋生态文化的内涵与特征，让公民认同并予以遵循；二是在取得广泛认同的基础上，践行绿色、低碳、循环和可持续的新生产方式、生活方式和思维方式，改变人们的传统思维方式，把新生产方式、生活方式和思维方式变成人们的实践自觉。

明确山东半岛蓝色经济区海洋生态文化建设的战略目标[①]是为海洋生态文明建设提供理论支撑和智力支持，努力建成海洋强省，为建设海洋强国战略目标的实现提供借鉴与参考，才能明确行动方向和激发奋斗力量。通过海洋生态文化引领，加快建设海洋强省和海洋强国。海洋生态文化建设的战略目标，既符合全球发展大势又顺应我国高质量发展要求，既从实际出发、实事求是又令人鼓舞、备受振奋，既顺应时代潮流又体现国民愿望，既着眼山东海洋强省建设的局部目标又放眼海洋强国建设

---

① 刘勇、刘秀香：《对我国海洋生态文化建设问题的思考》，《福建江夏学院学报》2013 年第 4 期。

的全局目标，为建设社会主义海洋生态文化强国提出了明确的努力方向和奋斗目标。

第一节 海洋生态文化建设引领海洋生态文明发展[①]

一 海洋生态文化与海洋生态文明[②]的关系

海洋生态文明是人类文明发展到一定阶段的产物，是整个生态文明建设的组成部分和重要方面，是人类优化海洋生态环境，以及人与海洋生态环境平衡、协调发展过程中形成的有机海洋的自然物质观、生态海洋的意识精神观、整体海洋的法规制度观、蓝色海洋的实践行为观等积极成果；它是反映人与海洋资源、环境、生态等诸多方面和谐程度的新型文明形态。而海洋生态文化以海洋为依托、以人为主体、以人的对象世界为主要表现形式，是人类在与蓝色海洋交往互动过程中形成的价值观念、伦理观念、活动方式、精神状态及思维方式等；因而，它是人与海洋和谐共生、良性循环，从而保持海洋经济可持续发展的一种新的文化形态。海洋生态文化具有源地性、传承性、和谐性、创新性和开放性等特征。海洋生态文化是海洋生态文明的前提和支撑，海洋生态文明是海洋生态文化的核心和结果，两者互相制约和互相促进，共同影响海洋生态文明建设的进程。[③]

二 海洋生态文化引领海洋生态文明建设发展[④]

虽然海洋生态文明是海洋生态文化的核心和结果，但海洋生态文化又是海洋生态文明的前提和支撑。两者是由实践—认识—实践的发展过

① 刘莎莎：《生态化文化及其建设研究》，硕士学位论文，湖南大学，2011 年。

② 刘勇、刘秀香：《对我国海洋生态文化建设问题的思考》，《福建江夏学院学报》2013 年第 4 期。

③ 同上。

④ 刘莎莎：《生态化文化及其建设研究》，硕士学位论文，湖南大学，2011 年。

程中形成的。因此，它们彼此制约、联系、影响和促进，[1] 共同推进海洋生态文明和海洋生态文化建设的进程。

纵观人类社会发展历史，海洋文明经历了海洋农业文明、海洋商业文明、海洋工业文明和海洋生态文明[2]等发展阶段。海洋文明是海洋文化在生产力、生产关系、经济基础和上层建筑等方面发展的社会文化体现。[3] 可见，海洋生态文明是一个长期繁重的建设过程，是贯穿于经济、政治、文化和社会建设[4]全过程和各方面的系统工程，它由繁荣的海洋生态物质文明、先进的海洋生态精神文明、和谐的海洋生态制度文明、规范的海洋生态行为文明四个方面构成。海洋生态文明建设需要几代人乃至几十代人共同努力才能做好。因此，它具有鲜明的实践性和创新性。而海洋生态文化作为一种新的生态文化形式，体现和反映了一定时期内人海互动的过程与结果，主要由海洋生态物质文化、海洋生态精神文化、海洋生态制度文化和海洋生态行为文化组成。当前，我们必须以海洋生态文化为引领，在遵循自然规律，开发、利用并保护海洋的实践论前提下，一是立足海洋生态文明建设要求，把提升海洋对我国整个社会的高质量发展支撑能力作为主要目标，建立健全"五位一体"整体布局的海洋政策体系；二是完善海洋绿色、低碳、循环和可持续发展的法律法规，加快形成海洋生态环境保护的体制和机制，以提高海洋资源开发、利用水平，简约适度用好海洋，不断改善海洋生态环境质量[5]；三是建立健全海洋资源有偿使用制度和海洋生态环境补偿机制，推动形成绿色、低碳、循环和可持续的海洋资源、海洋产业和海洋经济整体高质量发展方式和生活方式，[6] 在全社会牢固树立海洋生态文明观念，从物质生产、精神成果、法规制度和行为习惯四个层面加强海洋生态文明建设、促进海洋生

① 郁树廷、孙新志、陈树玉：《建立理工科大学生人文素质教育体系的价值》，《河北科技大学学报》（社会科学版）2001 年第 1 期。

② 鹿红：《我国海洋生态文明建设研究》，博士学位论文，大连海事大学，2018 年。

③ 同上。

④ 同上。

⑤ 韩孝成：《生态文明的基本特征及其建设的战略对策》，《2010 中国环境科学学会学术年会论文集》第 1 卷，2010 年。

⑥ 同上。

态文明发展，实现山东半岛蓝色经济区海洋生态文化建设的战略目标。

第二节 海洋生态文化引领海洋强省、海洋强国建设

一 海洋生态文化引领海洋强省建设[1]

21世纪伴随着全球海洋经济的发展以及人们对海洋认识的深化，“蓝色经济”日益成为世界各国实施可持续发展战略的重要领域。习近平同志对山东建成海洋强省寄予厚望：希望山东加快建设世界一流的海洋港口、完善的现代海洋产业体系、绿色可持续的海洋生态环境，为建设海洋强国作出山东贡献。[2] 因此，山东加快建设海洋强省战略的实现必须以习近平新时代中国特色社会主义思想为指导，以海洋生态文化为引领。

建设海洋强省，必须以海洋生态文化为引领，坚持海洋资源、海洋产业和海洋经济整体高质量发展，加强海洋资源适度使用、反对浪费，促进海洋新兴产业发展并形成合理布局，推动海洋经济绿色、低碳、循环和可持续发展，协同海洋资源、海洋产业、海洋经济与海洋生态环境的和谐有序建设发展。

遵循海洋生态修复恢复原则，以海洋生态文化为引领，实现海洋新旧动能转换、海洋经济高质量发展和海洋生态环境向好改善相一致。尽快建成“一体两翼”结构合理、层次分明、功能完善、信息畅通、优质安全、便捷高效、文明环保的现代化港口体系和世界一流海洋港口；以高层次海洋人才和高水平海洋科技为支撑，加快海洋产业的转型升级和产业革命，构建完善的现代海洋产业体系；增强海洋经济发展的资源和能源等生产资料、消费料保障能力，加快山东海洋企业、产业和经济高质量发展。

---

① 鹿红：《我国海洋生态文明建设研究》，博士学位论文，大连海事大学，2018年。

② 刘小刚、张晓忠：《关心海洋 认识海洋 经略海洋——习近平海洋强国思想探析》，《江苏理工学院学报》2018年第5期。

可见，山东加快建设海洋强省的理论支撑与立足点[①]、战略目标和着眼点、基础优势与新特点、原则要求和切入点、基本思路与制高点，以及重点、难点、突破点，都必须以海洋生态文化引领，寻求新的生产方式、生活方式、价值观念、伦理观念、精神状态及思维方式等，真正实现山东半岛蓝色经济区海洋生态文化建设的战略目标。

二　海洋生态文化引领海洋强国建设

党的十八大以来，以习近平同志为核心的党中央高度重视海洋事业发展，作出了建设海洋强国的重大战略部署，党的十九大又吹响了“坚持陆海统筹，加快建设海洋强国”[②] 的进军号。早在 2013 年习近平同志就在中共中央政治局第八次集体学习会上强调指出：“要进一步关心海洋、认识海洋、经略海洋，推动我国海洋强国建设不断取得新成就。”[③]同时，习近平同志对如何建设海洋强国提出了四个“要”的明确要求，即“要提高海洋资源开发能力，着力推动海洋经济向质量效益型转变。要保护海洋生态环境，着力推动海洋开发方式向循环利用型转变。要发展海洋科学技术，着力推动海洋科技向创新引领型转变。要维护国家海洋权益，着力推动海洋维权向统筹兼顾型转变”[④]。并指明了建设海洋强国的前进方向：“我们要着眼于中国特色社会主义事业发展全局，统筹国内国际两个大局，坚持陆海统筹，坚持走依海富国、以海强国、人海和谐、合作共赢的发展道路，通过和平、发展、合作、共赢方式，扎实推进海洋强国建设。”[⑤]

从习近平同志关于建设海洋强国的论述，以及建设海洋强国伟大的实践中我们可以深刻地感到，无论是关心海洋、认识海洋、经略海洋，

---

① 刘勇等：《山东半岛蓝色经济区建设的关键问题研究》，中国社会科学出版社 2013 年版，第 1 页。

② 习近平：《决胜全面建成小康社会　夺取新时代中国特色社会主义伟大胜利——在中国共产党第十九次全国代表大会上的报告》，《人民日报》2017 年 10 月 28 日第 1 版。

③ 习近平：《进一步关心海洋认识海洋经略海洋　推动海洋强国建设不断取得新成就》，《人民日报》2013 年 8 月 1 日第 1 版。

④ 同上。

⑤ 同上。

还是四个“要”，以及强调“依海富国、以海强国、人海和谐、合作共赢”“和平、发展、合作、共赢方式”，都体现出陆海统筹、开发保护并重、科技兴海、依法治海、军民融合、合作共赢等原则和理念，更重要的是紧紧围绕保护海洋生态环境这一主题。即以海洋生态文明建设推动海洋强国战略目标的实现，真正落实海洋生态文化引领海洋强国建设。这就为海洋生态文化引领海洋强国建设提供了重要遵循和根本指南。

第十五章

山东半岛蓝色经济区海洋生态文化建设的战略重点

山东半岛蓝色经济区海洋生态文化建设是国家海洋生态文化建设的重要组成部分，其建设的战略重点，是促进海洋经济由传统的高排放、高能耗、高污染的粗放式发展方式向绿色、低碳、循环和可持续发展方式转变，实现海洋资源、海洋产业和海洋经济的良性循环，进一步优化提升我国沿海经济区海洋经济合理布局和高质量发展；科学拓展发展时空，山东半岛蓝色经济区等为海洋强省建设提供充足的潜力和后劲，适度、有效利用海洋资源，修复恢复保护海洋生态环境；深化山东半岛蓝色经济区等沿海经济区的进一步开放，拓展提高海洋经济国内外合作领域和水平，切实维护国家海洋战略安全。

第一节　引领海洋经济发展方式转变和加快海洋经济高质量发展

一　引领海洋经济发展方式转变

加快山东半岛蓝色经济区海洋传统产业自我革命，主动向绿色、低碳、循环和可持续发展方式转变，对于海洋传统产业要通过“四新”促进其“四化”变革，通过“三去一降一补”供给侧结构性改革，实现海洋经济发展旧动能转化为新动能；加快海洋高精尖新产业的涌现和发展，成为新时代海洋新的“增长极”，扩大新动能的增量，助推山东半岛蓝色经济区海洋经济的全面跃升和提质增效，为建设海洋强省提供坚实的经济支撑和物质基础。[①]

山东半岛蓝色经济区特别要注意实现海洋资源、海洋产业和海洋经济深度融合发展，要努力达到陆地与海洋统筹共进；充分利用海岸带、近海、远海和深海等不同海洋空间的优势和特点，做精沿海产业、做高近海产业、做新远海产业、做尖深海产业。真正实现海洋的高质量发展。[②]

以山东半岛蓝色经济区为核心的海洋强省建设，必须以海洋生态文化建设为引领，改变传统的“高能耗、高污染、高排放、低附加值”的生产模式，代之以绿色发展、低碳发展、循环发展、可持续发展的生产方式，使劳动资料、劳动对象、劳动力、资本、科技、管理、信息等要素相匹配、相适应，实现海洋经济发展和海洋生态环境保护协调统一、人与海洋和谐共处。共同促进山东半岛蓝色经济区海洋生态文化的建设和发挥其引领作用。

二 加快海洋经济高质量发展

通过优化配置和合理利用港口资源，信息技术与港口服务和监管的深度融合，建设绿色低碳港口集群，完善海公、海铁等多式联运体系，做强世界一流航运服务等途径，加快山东半岛蓝色经济区港口转型升级，支持青岛建设国际性港口城市。要“把港口作为陆海统筹、走向世界的重要支点，整合优化沿海港口资源，提升港口建设现代化水平，推动陆海联动、港产城融合，着眼于设施一流、技术一流、管理一流、服务一流，努力打造高效协同、智慧高端、绿色环保、疏运通达、港产联动的国际化强港”[③]。这是加快山东半岛蓝色经济区高质量发展的前提，因为港口是山东半岛蓝色经济区沿海经济发展的龙头。同时，通过构建海洋

---

① 《省委、省政府印发〈山东海洋强省建设行动方案〉》，《大众日报》2018年5月12日第1版。

② 刘家义：《深入贯彻落实习近平总书记海洋强国战略思想　努力在发展海洋经济上走在前列——在山东海洋强省建设工作会议上的讲话》，《大众日报》2018年5月11日第1版。

③ 《省委、省政府印发〈山东海洋强省建设行动方案〉》，《大众日报》2018年5月12日第1版。

高端装备制造业、海洋生物医药产业、海水淡化及综合利用行业、海洋新能源新材料产业、涉海高端服务业、海洋环保业等高质量开放型海洋新兴产业体系，推动山东半岛蓝色经济区海洋经济高质量发展。因为推动海洋经济高质量发展，核心是要建立高素质山东半岛蓝色经济区海洋资源、海洋产业和海洋经济绿色、低碳、循环和可持续的开放型新兴经济体系的现代海洋产业体系。[①]

打造北起黄河三角洲地区，沿胶东半岛北南海岸到日照沿海，由龙头城市青岛，中心城市烟台、威海、潍坊、日照、东营、滨州，县级中心城市荣成、文登、乳山、海阳、蓬莱、龙口、招远、莱州、长岛、即墨、胶州、胶南、昌邑、寿光、垦利、利津、沾化、无棣等沿海的 24 个县级和地级市县组成的沿海城镇发展带。[②] 它是山东半岛蓝色经济区产业布局的基础，是山东省城镇体系发展的重要组成部分，是山东省建设海洋强省的重要依托，是山东半岛蓝色经济区经济社会发展的主体和关键，是发展山东半岛蓝色经济的陆域支撑，是促进陆海统筹、协调发展的中坚和纽带，是发展沿海外向型经济的主要通道，[③] 也是加快山东半岛蓝色经济区海洋经济高质量发展的重要支撑。

要加快沿海城镇综合交通体系建设，[④] 统筹公路、铁路、航空、港口等交通基础设施建设，完善山东省高速铁路网，加快推进京沪高铁辅助通道、京港（台）通道、沿海通道等山东段交通重点工程建设。[⑤] 推动海底光缆系统建设，支持青岛建设国际通信业务出入口局。完善更加开放、更加灵活的人才培养、引进和使用机制，打造具有国际影响力的海洋人才高地。加强省部、省院共建，加快山东大学青岛校区、中国海洋大学

---

① 彭东昱：《建设海洋强国是实现中华民族伟大复兴的必然选择》，《中国人大》2019 年第 1 期。

② 李延成、朱莉：《山东半岛蓝色经济区城镇发展战略规划初探》，《城乡建设》2010 年第 9 期。

③ 李延成、柳同音：《山东半岛蓝色经济区城镇可持续发展研究》，《2010 中国可持续发展论坛 2010 年专刊（一）》2010 年。

④ 同上。

⑤ 李延成、朱莉：《山东半岛蓝色经济区城镇发展战略规划初探》，《城乡建设》2010 年第 9 期。

西海岸校区、中国科学院大学海洋学院、哈尔滨工程大学青岛校区等海洋类院校新校区建设，支持中船重工725所海洋新材料研究院、中船重工702所青岛深海装备试验基地、天津大学海洋工程研究院、哈尔滨工程大学船舶科技园等科研机构建设。支持涉海“一流大学、一流学科”建设，努力打造世界一流海洋人才团队。[①] 为加快山东半岛蓝色经济区海洋经济高质量发展提供便利的交通信息、硬件设施和重要的人才、智力支撑。

三 完善山东半岛蓝色经济区整体经济布局

充分发挥青岛的地位和作用，提升山东半岛蓝色经济区海洋现代新兴产业自主创新能力；实现山东半岛蓝色经济区海洋资源、海洋产业和海洋经济深度融合发展；构筑山东半岛沿岸泛胶州湾黄海经济带和泛莱州湾渤海经济带两条海洋经济带；深化对接与京津冀、环渤海、长三角、珠三角等地区的区域海洋经济合作；共商共建共享沿线国家和地区发展利益；加快推动全国海洋生态文明示范区、海洋生态文明综合试验区和海岛综合保护开发示范区建设，共建海洋人类命运共同体。[②] 通过“青岛龙头引领、产业经济带动、湾区海岛协同、内外开放崛起、海洋生态文明、全球海洋延伸”的山东半岛蓝色经济区整体经济布局，推动海洋经济高质量建设和发展。

第二节 科学拓展发展空间，适度利用海洋资源，保护海洋生态环境[③]

一 科学拓展人类发展空间[④]

1966年肯尼斯·鲍定提出了经济增长的新空间理论并认为，人类需

---

① 《省委、省政府印发〈山东海洋强省建设行动方案〉》，《大众日报》2018年5月12日第1版。

② 同上。

③ 杨兰：《建国以来中国共产党海洋战略思想研究》，博士学位论文，大连海事大学，2015年。

④ 罗刚：《把握海洋空间特质深入参与全球海洋治理》，《中国海洋报》2018年9月13日第2版。

要的能源、资源将主要来自海洋，海洋将成为未来世界经济发展的新希望、成为人类发展的新空间。[①] 进入新世纪，世界各国争夺海洋资源、开发海洋产业、发展海洋经济、拓展海洋空间的竞争日趋激烈。世界海洋发达国家将发展的目光投向海洋，蓝色海洋经济正在成为全球的关注点。我们在建设海洋强省和海洋强国的过程中，必须以海洋生态文化建设为引领，科学利用临海、近海、远海和深海等空间。当然，由于所处地理环境的不同，受海洋科技、海洋本身形成的海啸、飓风、冷暖气旋、海底地震等自然灾害因素的影响，人类对海洋的开发利用还有很大的潜力和余地。特别是海洋在为全球各国人民提供需求和服务等方面还有很大的利用空间。因此，我们要优化海洋资源开发利用的空间布局，提高海洋宏观管理水平和维护我国海洋权益等方面实现对海洋空间的科学拓展发展。

二　适度有效利用海洋资源

山东半岛蓝色经济区要以海洋生态文化建设为引领，适度有效利用海洋资源。一是坚持科技用海，用原创和先进的海洋科技开发利用好海洋资源、海洋产业和海洋经济，培育海洋发展新动能；用绿色低碳的生产方式引导市场主体转型发展，用简约适度的生活方式促进公民自觉接受海洋生态文化。从而形成具有核心竞争力的现代化海洋经济新体系。二是规划用海，树立海洋的整体观，根据海岸带、近海、远海和深海等不同海洋空间的优势和特点，做精沿海产业、做高近海产业、做新远海产业、做尖深海产业。三是生态用海，形成生态学海洋思维模式，树牢绿色、低碳、循环和可持续发展理念，自觉修复恢复海洋生态，让海更绿、让天更蓝，让海洋更加美丽。四是开放用海，进一步深化改革、扩大开放，加强国内国际合作交流，深度融入“一带一路”建设，构建海洋人类命运共同体，搭建海洋合作平台，创新海洋合作模式，推进国际产能合作。五是共享用海，本着共建共商共享的原则，推动海洋强省建设，让人民齐心协力、不懈奋斗，创造更多价廉物美的产品满足人民对

---

① 徐敬俊、韩立民：《海洋经济基本概念解析》，《太平洋学报》2002 年第 11 期。

美好生活的需求。[1] 山东半岛蓝色经济区科技、规划、生态、开放和共享适度、有效利用海洋资源，是其海洋生态文化建设的应有之义，也是实现山东半岛蓝色经济区海洋经济高质量发展的必然要求。

三 修复恢复保护海洋生态环境

山东半岛蓝色经济区要以海洋生态文化建设为引领，修复恢复保护海洋生态环境。通过实施“流域—河口—海湾”污染防治联动机制。清理非法或设置不合理的入海排污口，彻底消除黑臭水体入海。全面推行“湾长制”，开展海湾水质污染治理和环境综合整治。实施近岸海域养殖污染治理工程，清理沿海城市核心区海岸线向海一公里内筏式养殖设施。治理船舶污染，提升港口码头污染防治能力。研究实施“岛长制”，探索开展海洋定点封闭倾废试点。加大海洋环保装备研发投入，加强关键核心技术攻关，重点支持海洋环保机器、设备的研发制造，以及对海洋污染物的循环利用，加速推动产业化、规模化，提高海洋环保产业技术装备供给水平。鼓励采取政府和社会资本合作、特许经营、委托运营等方式，引导社会资本提供海洋环保设施投资运营服务。严格落实全海域生态红线制度，严格海洋保护区分类管理，加强保护区规范化建设和生态监控。实施沿海防护林质量精准提升工程，加快推进滨州、东营、潍坊等地柽柳林建设。在莱州湾以及威海、青岛、日照、长岛等地开展海藻林养护培育。在黄河三角洲和莱州湾等盐沼湿地区域，因地制宜开展滨海湿地修复工程。加快编制海岸线保护规划，健全自然岸线保有率管控制度。实施生态岛礁工程，建设海驴岛生态保育类，北长山岛、刘公岛和灵山岛宜居宜游类，千里岩和大公岛科技支撑类工程。在山东半岛蓝色经济区沿海 7 市开展试点工作，加快建设全国海洋生态文明示范区、海洋生态文明综合试验区和海岛综合保护开发示范区建设。[2]

---

① 《省委、省政府印发〈山东海洋强省建设行动方案〉》，《大众日报》2018 年 5 月 12 日第 1 版。

② 同上。

第三节　深化沿海开放和海洋经济国际合作，维护国家海洋战略安全

一　深化山东半岛蓝色经济区沿海开放

山东半岛蓝色经济区应对接京津冀、长江经济带、粤港澳大湾区、东北振兴、西部大开发、雄安新区等国家战略，积极融入环渤海地区合作。加强与沿黄省份合作，共同建设沿黄生态经济带，为中西部省份提供出海口。支持青岛港布局新亚欧大陆桥重点内陆港，与西安港推动“一带一路”物流供应链一体化。支持日照港依托瓦日铁路，加强与晋豫鲁铁路沿线城市合作，积极开辟博爱、河津等内陆无水港，拓展港口发展空间。利用海南全岛建设自由贸易区的契机，积极探索两省共建海洋科技合作区。参入“一带一路”建设，发挥青岛、烟台的重要作用，推进内外、陆海和与世界各国通航、通海、通邮，构建互联互通、你中有我、我中有你、合作共赢的人类命运共同体。支持青岛、日照、烟台等港口，面向东北亚、东南亚、欧美、澳洲等地区，通过缔结友好港或姐妹港协议、组建港口联盟等形式，加强与沿线港口合作，到2022年，争取新开辟国际集装箱班轮航线50条。争取济南、青岛、烟台国际机场全面实施部分国家外国人144小时过境免签政策。支持济南、青岛、烟台、威海等国际机场增强面向日韩的门户功能，积极培育欧美、澳洲、西亚、俄罗斯等国际航线，适度加密东南亚航班，到2022年，争取新开通洲际航线20条。吸引更多来访客及游客到山东半岛蓝色经济区鼓励省内企业积极参与澳大利亚达尔文港、巴拿马玛格丽特岛港、阿联酋阿布扎比港、几内亚博凯港等海外港口投资建设和运营管理。运营好中韩陆海联运通道、鲁辽跨海运输通道，加大省级统筹力度，整合山东省亚欧班列线路，大力发展多式联运，推动融入国内国际物流大通道，打造国际区域性现代物流中心。①

---

① 《省委、省政府印发〈山东海洋强省建设行动方案〉》，《大众日报》2018年5月12日第1版。

二 拓展提高海洋经济国际合作领域和水平

山东半岛蓝色经济区应加强通关、检疫、标准等国际合作，加快推进贸易便利化，扩大进出口规模。鼓励企业在基础设施、产能和装备、高新技术和先进制造、能源资源、渔业等领域开展境外投资。支持有实力的涉海企业到境外建设研发中心、营销网络，共建综合性远洋渔业基地、海洋特色产业园。支持和鼓励企业参与深海、远洋、极地等海洋资源勘探开发，积极争取国际渔业捕捞配额。在沿海国家缔结一批友好城市，强化与地方政府海洋合作。积极参与全球蓝色经济伙伴论坛，构建蓝色经济伙伴关系。尽快成立东亚海洋合作平台理事会；在青岛建设东亚海洋合作平台——东黄海研究院，推动东亚海洋领域多层次国际务实合作。加快东亚畜牧交易所、青岛欧亚经贸合作产业园、青岛中英创新产业园、威海中韩自贸区地方经济合作示范区、中韩（烟台）产业园建设，推动中加、中美等海洋产业合作园区建设。谋划设立省级"一带一路"综合试验区，在贸易、投资、金融、管理等方面先行先试。支持申建青岛自由贸易港，推动有条件的出口加工区等海关特殊监管区升级为综合保税区。到2022年，新建5个海洋产业境外园区、10个海洋领域国际联合研究中心。[①] 以真正拓展海洋经济国内外合作领域。

同时，要支持驻鲁高校科研院所与国外相关机构组建一批国际海洋科技创新联盟，共建海洋环境模拟实验系统、国际南半球海洋研究中心、联合国滨海湿地国际研究中心、中国—东盟海洋地学合作研究中心、中国—东盟海水养殖技术联合研究与推广中心、中泰气候与海洋生态系统联合实验室、中国—印尼海洋与气候联合研究中心等，建设"一带一路"海水养殖技术培训和咨询中心、中国海洋大学青岛海上丝路研究院。积极参与海洋观测、气候变化、海洋生态系统等全球海洋重大科技问题研究，实施西北太平洋海洋环流与气候试验等大型国际科技合作计划和大科学工程，支持威海与美国纽约开展海洋垃圾防治国际合作。加强与沿

---

① 《省委、省政府印发〈山东海洋强省建设行动方案〉》，《大众日报》2018年5月12日第1版。

海国家涉海高校合作，扩大在鲁留学生名额，积极承担国际海洋教育培训任务。加强与国际海洋组织、国外海洋行业协会的交流合作，争取在我省设立分支机构或研究中心。加强与德国、俄罗斯、乌克兰、以色列等国家的人才交流与技术合作，吸引跨国公司、外国专家及团队来鲁设立技术研发中心，参与重大科技项目联合攻关。[①] 以提高海洋经济国内外合作水平。

三　切实维护国家海洋战略安全

当前世界各主要海洋强国加快调整海洋政策，使得海洋权利角逐和争夺日益激烈。我国依据《联合国海洋法公约》，应该享有近300万平方公里的可管辖海域，岛礁主权和专属经济区管辖权及其他海洋主权权利和海洋权益。但是，我国近海海洋权益面临“岛礁被侵占、海域被瓜分、资源被掠夺、信息被盗取、开发受阻挠”[②] 的突出问题和矛盾困难。为了实现海洋开发、利用和保护事业的可持续发展，要进一步关心海洋、认识海洋、经略海洋，维护国家主权、安全、发展利益，推动我国海洋强国建设不断取得新成就。[③]

切实维护国家海洋战略安全，一是明确我国海洋发展战略目标。从国际层面看，必须以捍卫和维护国家主权完整和领土统一，解决与周边国家的海洋争端，维护和捍卫中国海洋权益，创造服务于中国和平发展的国际环境，全面参与国际海洋制度和海洋秩序的建设；从国内层面看，要以全面提升全民族海洋战略意识，贯彻海洋强国战略部署，科学合理地开发、利用和保护海洋，实现海洋的可持续发展和协调发展，使海洋事业的发展服务于经济与社会的协调发展和全面进步，树立绿色、低碳、循环和可持续发展理念，自觉修复恢复海洋生态，让海更绿、让天更蓝，让海洋更美丽。让海洋资源、海洋产业和海洋经济更好地服务于人民群

---

① 《省委、省政府印发〈山东海洋强省建设行动方案〉》，《大众日报》2018年5月12日第1版。

② 冯梁：《打造国家海洋安全战略》，《世界知识》2014年第8期。

③ 刘小刚、张晓忠：《关心海洋　认识海洋　经略海洋——习近平海洋强国思想探析》，《江苏理工学院学报》2018年第5期。

众对美好生活的需要,[1] 服务于“两个一百年”目标实现。二是构建我国海洋发展战略。主要包括海洋经济、政治、文化、社会和生态文明“五位一体”，以及海洋科技等生产要素和海洋战略安全等形成系统的体系。[2] 三是我国海洋发展战略要服务于维护国家主权、安全、发展利益，推动我国海洋强国建设不断取得新成就。维护国家主权就是要“保障领土、边界的不受侵犯，并最终全面实现国家统一以及与周边国家领土和权益争端的妥善解决”[3]；维护国家安全就是要遵循“远近复合、军民融合、平战结合”原则，构筑行动力量系统，完善法律法规系统，建立支援保障系统，最终形成覆盖我国海洋利益相关海域与维护国家海洋安全和发展利益相适应的防卫体系。[4] 维护国家发展利益就是“保护重要利益区的安全，应采取软硬结合、刚柔并举的方法。此外，保护我国远洋渔业、国际海底甚至极地利益，也应纳入海洋安全战略的筹划范畴。重点加强我国海洋安全力量的建设和运用”[5]。

当然，争取和平稳定的海洋安全战略机遇期，保证“两个一百年”目标的实现，一是要以我国的经济、政治、军事、外交、海洋生态文明等综合硬实力为前提保障；二是要建设具有中国特色的海洋生态文化海洋软实力，扩大我国在建立全球海洋新秩序中的话语体系和话语权为理论支撑和智力支持。[6] 以海洋生态文化为引领，解决海洋社会存在的一系列矛盾、问题和困难，争取海洋社会和平发展的重要机遇期[7]；针对个别国家海上军事挑衅，提升海军作战的实战力、硬实力和威慑力；不断完善海洋法律法规体系，发挥21世纪海上丝绸之路的作用，团结世界进步力量，建立世界统一战线，防范和化解海上安全风险。切实维护国家海洋战略安全，推动我国海洋强国建设。

---

① 刘中民：《国际海洋形势变革背景下的中国海洋安全战略——一种框架性的研究》，《国际观察》2011 年第 3 期。

② 同上。

③ 同上。

④ 冯梁：《打造国家海洋安全战略》，《世界知识》2014 年第 8 期。

⑤ 同上。

⑥ 同上。

⑦ 同上。

第十六章

山东半岛蓝色经济区海洋生态文化建设的战略措施

在认识和把握山东半岛蓝色经济区海洋生态文化建设的战略目标、战略重点的基础上，还需要研究探讨山东半岛蓝色经济区海洋生态文化建设的战略措施，因为战略目标、战略重点和战略措施共同构成了山东半岛蓝色经济区海洋生态文化建设的战略对策。而山东半岛蓝色经济区海洋生态文化建设的战略措施，主要包括加强社会公众的海洋生态文化教育，强化全民海洋意识；推进海洋经济发展方式转变，科学、适度利用海洋空间资源；构建山东半岛蓝色经济区海洋生态文化建设评价指标体系；统筹国内国际两个大局，保证国家海洋战略安全等重要内容。

第一节　加强社会公众的海洋生态文化教育，强化全民海洋意识[①]

海洋生态文化的大力弘扬，海洋生态意识的深入人心，海洋生态伦理的广泛认同，是提高海洋生态文明程度的标志。海洋生态危机最深层次的原因就是海洋生态文化没有得到有效传播和普及。因此，亟须树立海洋生态文化观，加强社会公众的海洋生态文化教育，强化人们的海洋生态意识，着力营造海洋生态文化氛围。

---

① 施瑶：《公众参与海洋环境污染防治的法律机制研究》，硕士学位论文，哈尔滨工程大学，2013 年。

山东半岛蓝色经济区应通过广泛深入开展海洋生态文明教育，在普及海洋环境科学知识、拓展海洋自然体验活动和强化海洋学术性教育的同时，让社会公众普遍认识到人海共生共融、协同进化的互动关系，从而积极参加海洋生态文明建设的各种各样实践活动，进一步增进和了解海洋领土领水、海洋生态意识等，[①] 形成有利于山东半岛蓝色经济区海洋经济高质量发展和海洋生态文明建设的良好社会风气，真正实现人与海洋和谐相处、共生共融、共同进化、协同发展。

海洋生态文化的建设，未来海洋社会的绿色低碳循环和可持续发展，关键在于社会公众和全体人民整体素质的提高和海洋道德观、伦理观和价值观的转变升华，而这一目标的实现途径主要是通过教育传授，并最后落实到海洋生态文化建设的实践行动中。海洋生态文化的形成与发展既是当代海洋经济和人类文化发展的产物，也是生态文化自身发展的必然结果。既是人类在海洋时代对待自身传统的生产方式、生活方式和思维方式反思的产物，也是人类对未来海洋新的价值观念、伦理观念、生产方式和生活方式、精神状态及思维方式等重新认识的必然结果。因此，海洋生态文化的建设和发展与对社会公众的教育密不可分。

一是课堂教育。学校的课堂教育是授人以全面知识、本领和价值标准的正规的教育形式，学校履行着培养什么人、怎样培养人、为谁培养人的重要职责。青少年是祖国的未来、祖国的希望、祖国建设发展的生力军和主力军，也是海洋生态文化的建设者和参与者。可见，海洋生态文化知识的教育必须从青少年抓起。如果不对青少年进行正确的人与海洋关系的引导教育，就会使他们在海洋社会发展实践中迷失方向，不知所措，人类将会面临巨大的灾难。当然，对青少年海洋生态文化知识的教育，要符合他们的生理特点、心理成熟的规律，循序渐进进行。对海洋生态文化知识的价值观念、伦理观念、生产方式和活动方式、精神状态及思维方式等的教育引导，要伴随着青少年从小学到大学的整体培养

---

① 杨振姣、齐圣群：《山东半岛蓝色经济区海洋生态安全政策体系研究》，《中国海洋社会学研究》2015 年第 00 期。

过程。利用课堂教育，帮助青少年进行正确的思考和实践，真正理解和把握人海关系，自觉规范爱护蓝色美丽海洋的行为，[①] 大力加强海洋生态文化建设。二是网络教育。当前我们处于信息时代，网络教育的作用越来越重要。我们要充分发挥丰富的网络海洋生态文化教育资源优势，传递海洋生态文化内容，对学生，也包括社会公众进行海洋生态文化教育，加快海洋生态文化的建设发展。三是社区教育。社区教育能够唤起社区居民保护海洋生态的觉悟，提高居民海洋生态意识、道德水平和环保素质，形成社区居民对待海洋新的价值观念、伦理观念、生产方式和生活方式、精神状态及思维方式等。海洋生态文化不仅是价值观念、伦理观念、精神状态及思维方式的转变和理论创新，更是生产方式和生活方式转变后的人类新的实践活动。可见，进行海洋生态文化的教育不仅是学校的任务，而且是全社会的任务；不仅是局限于青年学生的教育，而且是全民教育、终生教育。唯有如此，才能加强社会公众的海洋生态文化教育，强化人们的海洋生态意识，加快推进海洋生态文化的建设与发展。四是加大海洋科普宣传教育。构建形式多样的海洋生态文化宣传平台，大力宣传海洋领土领水、海洋生态意识，促进社会公众爱护蓝色美丽海洋。[②] 在全社会倡导海洋生态文化观，形成绿色、低碳、循环和可持续发展的海洋经济发展观，打造活力海洋、和谐海洋、美丽海洋、开放海洋和幸福海洋的海洋生态观，唤起社会公众的生态良知，强化全民海洋意识，着力营造海洋生态文化氛围。

第二节　推进海洋经济发展方式转变，科学适度利用海洋空间资源

山东半岛蓝色经济区要推进海洋经济发展方式转变，科学、适度利用海洋空间资源，一是改变传统的“高能耗、高污染、高排放、低附加

---

① 林昆勇：《学习习近平总书记关于海洋事业的重要论述》，《理论建设》2018 年第 6 期。

② 茅临生：《关于我省保护海洋环境发展海洋经济情况的报告》，《浙江人大》（公报版）2009 年第 3 期。

值”的生产模式，代之以绿色发展、低碳发展、循环发展、可持续发展的生产方式。山东半岛蓝色经济区要运用新技术、新产业、新业态、新模式“四新”推动海洋渔业[①]等传统产业数字化、信息化、网络化、智能化“四化”发展，实行“三去一降一补”，进行供给侧结构性改革，让海洋传统产业“腾笼换鸟”“凤凰涅槃”“浴火重生”，全面提高产品技术、工艺装备、能效标准，促进跨界融合、提质增效。大力发展海洋节会、帆船体育、潜水冲浪、低空飞行等海上旅游新业态；加大海洋渔业育种研发、培育海洋生态牧场综合体、推进生态低碳养殖、控制近海捕捞强度、积极稳妥发展远洋渔业、发展海外智能化和装备化生态牧场等；大力开发海洋保健食品、保障水产品质量源头、加强海洋生物类资源高值化综合利用等；引导船舶制造企业积极稳妥化解过剩产能、淘汰低端无效产能、提高船舶动力装备产业核心竞争力和船用设备自主化水平；打造绿色化、集聚化、高端化海洋化工产业，加快石化盐化一体化发展，集约集聚发展临港石化。二是积极发展海洋绿色低碳循环经济，科学、适度利用海洋空间资源，增强海洋可持续发展能力。以海洋科技创新，培育壮大海洋战略性新兴产业，科学、适度利用海洋空间资源。把握科技革命和产业变革趋势，以园区为载体，重点发展海洋高端装备制造（深远海养殖装备、海洋油气装备、海工装备制造、海洋装备制造、海洋动力装备制造、钢铁制造产业、海洋渔业装备研发制造、石油装备产业等形成国际一流的海洋高端装备产业集群），海洋生物医药（海洋创新药物和生物制品、海洋功能性食品和化妆品、海洋特色酶制剂和海藻肥等优势产品）；海水淡化及综合利用（加快海水淡化专用膜及关键装备和成套设备自主研发、开展海水综合利用示范、探索发展海水稻及滩涂海水灌溉农业、大力发展海水淡化浓盐水高值化利用、积极探索开展海水制浆等技术），海洋新能源新材料（科学有序开发海上风电、综合性可燃冰技术研发、发展海洋生物新型功能纺织材料和纤维材料、布局研发海洋矿物新材料等）；涉海高端服务（大力发展涉海金融服务业、支持发展涉

---

① 王义娜：《烟台市创建国家海洋经济发展示范区问题研究》，《烟台职业学院学报》2018年第4期。

海融资租赁业、引导和鼓励法律服务机构开展涉海法律服务等）；海洋环保（提高海洋环保产业技术装备供给和服务水平、引导社会资本提供海洋环保设施投资运营服务、规划建设一批省级海洋环保产业园等）海洋新兴产业，推动新兴产业加速崛起、扩容倍增，打造具有国际先进水平的海洋新兴产业发展基地。坚决走海洋绿色、低碳、循环和可持续发展，科学适度高质量利用海洋空间资源之路。

第三节　构建蓝色经济区海洋生态文化建设评价指标体系

如前所述，海洋生态文化的结构体系由繁荣的海洋生态物质文化、先进的海洋生态精神文化、和谐的海洋生态制度文化、规范的海洋生态行为文化四个主要方面构成。首先，海洋生态物质文化是海洋生态文化的物质载体和承担者。繁荣的海洋生态物质文化包含海洋产业经济生态化和海洋生态资源产业化，前者是建设繁荣的海洋生态物质文化的目标和结果；而后者则是建设繁荣的海洋生态物质文化的基础和前提，它们共同成为海洋生态文化建设的物质载体和承担者。其次，先进的海洋生态精神文化是繁荣的海洋生态物质文化的灵魂，它体现了人类文明发展理念的重大进步。人类通过先进的海洋生态精神文化引领，可以建设更加繁荣的海洋生态物质文化、和谐的海洋生态制度文化、规范的海洋生态行为文化。因此，海洋生态精神文化是海洋生态文化的精华和核心。再次，和谐的海洋生态制度文化是海洋生态文化建设的重要保障。和谐的海洋生态制度文化建设既要不断完善海洋自然生态与环境保护的法律制度体系，使之走上法制化、规范化的轨道；又要在海洋经济发展中遵循市场经济规律和科学决策，合理开发、利用并保护海洋资源；还要建立海洋生态文化建设的长效机制，以真正发挥对海洋生态物质文化、海洋生态精神文化和海洋生态行为文化的保障作用。[1] 最后，规范的海洋生态

---

① 叶冬娜：《在实践中推进海洋生态文化的建设》，《中北大学学报》（社会科学版）2016年第4期。

态行为文化是海洋生态文化建设的体现和结果。海洋生态行为文化建设需要通过政府及相关部门、用海者和社会公众三大主体共同努力，才能实现最终目标。他们是否以文明的意识、伦理道德观念、完善的法律法规和科学的理论指导自身的行为，注意协调我国海洋经济发展中存在的开发、利用和保护，以及资源、环境和经济发展的矛盾，直接关系海洋生态文化建设的程度和结果。

这样，海洋生态文化建设评价指标体系就应该由海洋生态物质文化、海洋生态精神文化、海洋生态制度文化、海洋生态行为文化[①]4个一级指标构成。海洋生态物质文化由海洋经济和海洋资源2个二级指标构成。海洋生态精神文化由对待海洋的伦理价值观、对待海洋的生产方式、海洋可持续发展、对待海洋的生活方式、对待海洋的精神状态和对待海洋的思维方式6个二级指标构成。海洋生态制度文化由海洋法律法规、海洋政策制度、海洋执法程度、海洋生态保护4个二级指标构成。海洋生态行为文化由政府及其部门、用海者和社会公众3个二级指标构成。这样，海洋生态文化建设评价指标体系就由4个一级指标构成、15个二级指标和36个三级指标与指标释义构成，具体体系构成如表16—1所示。

表16—1　　山东半岛蓝色经济区海洋生态文化建设评价指标体系

一级指标及分值	二级指标及分值	三级指标及分值	指标释义
海洋生态物质文化（25分）	海洋经济（13分）	海洋产业增加值占地区生产总值比重/%（3分）	海洋产业增加值与生产总值的比重
		近岸居民人均可支配收入/万元（3分）	经济区居民人均可支配收入
		海洋第三产业增加值占海洋产业增加值比重/%（3分）	海洋第三产业增加值与海洋产业增加值的比重

① 罗续业：《发展海洋观测技术　建设业务保障体系》，《海洋开发与管理》2012年第6期。

续表

一级指标及分值	二级指标及分值	三级指标及分值	指标释义
海洋生态物质文化（25分）	海洋经济（13分）	战略新兴产业增加值占海洋产业增加值比重/%（4分）	海洋战略性新兴产业增加值与海洋产业增加值的比重
	海洋资源（12分）	单位海岸线海洋产业增加值/（亿元·km^{-1}）（3分）	单位海岸线的海洋产业增加值
		近海渔业捕捞增长率/%（3分）	近3年近海捕捞渔船数量的增长率
		深海资源利用率/%（3分）	近5年深海资源利用的增长率
		开放式养殖面积所占比重/%（3分）	开放式养殖用海面积占全部养殖用海面积的比重
海洋生态精神文化（25分）	对待海洋的伦理价值观（6分）	尊重海洋生命价值（2分）	是否认同并尊重海洋生命价值
		尊重海洋生存权利（2分）	是否认同并尊重海洋生存权利
		尊重海洋发展权利（2分）	是否认同并尊重海洋发展权利
	对待海洋的生产方式（4分）	海洋绿色发展（2分）	是否形成绿色发展生产方式
		海洋循环发展（2分）	是否形成循环发展生产方式
	海洋可持续发展（3分）	海洋可持续发展的能力（3分）	是否形成可持续发展生产方式
	对待海洋的生活方式（4分）	简约适度（2分）	是否倡导简约适度生活方式
		绿色低碳（2分）	是否倡导绿色低碳生活方式
	对待海洋的精神状态（4分）	相互依存、共生共融、和谐发展、共同进化（4分）	是否以积极的状态尊重和热爱海洋
	对待海洋的思维方式（4分）	生态学方式（4分）	是否以生态学方式科学思维
海洋生态制度文化（30分）	海洋法律法规（6分）	国家法律法规（3分）	是否完备并形成体系
		地方法律法规（3分）	是否完备

续表

一级指标及分值	二级指标及分值	三级指标及分值	指标释义
海洋生态制度文化（30分）	海洋政策制度（6分）	国家政策制度（3分）	是否完备并形成体系
		地方政策制度（3分）	是否完备
	海洋执法程度（6分）	有法必依（2分）	是否做到有法必依
		违法必究（2分）	是否做到违法必究
		执法必严（2分）	是否做到执法必严
	海洋生态保护（12分）	自然岸线保有率/%（2分）	海域自然海岸线长度占陆地岸线总长度的比例
		近岸海域一、二类以上水质占海域面积比重/%（2分）	近岸海域一类和二类水质面积占近岸海域总面积比重
		近岸海域劣四类水质占海域面积比重/%（2分）	近岸海域劣于四类水质面积占近岸海域总面积比重
		入海点线面源污染达标排放率/%（2分）	沿海陆域污水处理厂、径流和面源入海污染物控制情况
		富营养化指数（2分）	评价海水富营养化状态
		近海天然湿地保有率/%（2分）	近岸海域现有天然湿地占历史天然湿地的比例
海洋生态行为文化（20分）	政府及其部门（12分）	海洋行政主管部门对海洋教育引导落实情况（4分）	海洋行政主管部门对海洋教育引导是否落实到位
		海洋文化遗产保护与传承（4分）	海洋物质与非物质文化遗产传承与保护的管理制度、办法与落实情况
		海洋科技投入占海洋产业增加值的比重（4分）	海洋科技投入经费与海洋产业增加值的比重
	用海者（4分）	用海者对法治和制度使用情况（4分）	用海者是否严格遵守法治和制度使用海洋
	社会公众（4分）	参与海洋知识普及与宣传活动（4分）	社会公众是否积极参与海洋知识普及与宣传活动，全民海洋意识增强

资料来源：参考孙倩、于大涛、鞠茂伟、金帅辰、王薇、关骁倢《海洋生态文明绩效评价指标体系构建》，《海洋开发与管理》2017年第7期，自行构建该海洋生态文化建设评价指标体系。

第四节　统筹国内国际两个大局，保证国家海洋战略安全

我们党历来十分重视统筹国内国际两个大局这一战略思维，毛泽东同志早就指出："中国已紧密地与世界联成一体，中国无论何时也应以自力更生为基本立脚点。但中国不是孤立也不能孤立，中国与世界紧密联系的事实，也是我们的立脚点，而且必须成为我们的立脚点。"[①] 邓小平同志也指出："要从大局看问题，放眼世界，放眼未来，也放眼当前，放眼一切方面。"[②] 他曾赞扬军队的同志"是从全局着眼，从国际大局和国内大局着眼来看问题的"[③]。江泽民同志多次强调："要在激烈的国际竞争中掌握主动，必须善于从国际国内政治大局出发考虑问题。"[④] 胡锦涛明确指出，要"统筹国内国际两个大局，树立世界眼光，加强战略思维，善于从国际形势发展变化中把握发展机遇、应对风险挑战，营造良好国际环境"[⑤]。党的十八大以来，以习近平同志为核心的党中央高度重视统筹国内国际两个大局，保证国家海洋战略安全，推动海洋强国建设。习近平明确指出："21 世纪，人类进入了大规模开发利用海洋的时期。海洋在国家经济发展格局和对外开放中的作用更加重要，在维护国家主权、安全、发展利益中的地位更加突出，在国家生态文明建设中的角色更加显著，在国际政治、经济、军事、科技竞争中的战略地位也明显上升。我国既是陆地大国，也是海洋大国，拥有广泛的海洋战略利益。经过多年发展，我国海洋事业总体上进入了历史上最好的发展时期。这些成就为我们建设海洋强国打下了坚实基础。我们要着眼于中国特色社会主义事业发展全局，统筹国内国际两个大局，坚持陆

---

① 毛泽东：《毛泽东外交文选》，中央文献出版社 1994 年版，第 16 页。

② 邓小平：《邓小平文选》（第 3 卷），人民出版社 1993 年版，第 300 页。

③ 同上书，第 126 页。

④ 江泽民：《江泽民文选》（第 3 卷），人民出版社 2006 年版，第 446 页。

⑤ 中共中央文献研究室：《十七大以来重要文献选编（上）》，中央文献出版社 2009 年版，第 13 页。

海统筹，坚持走依海富国、以海强国、人海和谐、合作共赢的发展道路，通过和平、发展、合作、共赢方式，扎实推进海洋强国建设。”[①]这就为山东半岛蓝色经济区海洋生态文化建设战略措施的落实指明了方向，明确了目标。

一是坚决遵循习近平总书记的四个“要”指示，即“要提高海洋资源开发能力，着力推动海洋经济向质量效益型转变。要保护海洋生态环境，着力推动海洋开发方式向循环利用型转变。要发展海洋科学技术，着力推动海洋科技向创新引领型转变。要维护国家海洋权益，着力推动海洋维权向统筹兼顾型转变”[②]。努力建成海洋强国，保证国家海洋战略安全。二是从国内海洋经济发展向海外经济发展延伸，确保我国海洋权益的保护和维护，统筹国家政治、经济、外交和军队力量，保证国家海洋战略安全。我国海洋战略安全的重点是捍卫海洋领土主权完整、抵御海洋霸凌强国海上入侵。要实现这个重点目标，就需要我们面向未来，统筹国内国际两个大局，把国内海洋经济发展向海外经济发展延伸，注重国内发展利益，更要重视国家海外利益的保护和维护。同时，要以海军力量为支柱，推进国家涉海部门和海上执法力量的整合与融合，形成国家层面上的整体优势，捍卫海洋领土主权完整，抵御海洋霸凌强国海上入侵，遏制海上邻国觊觎我岛礁主权和掠夺海洋资源等不利事件的出现，形成安全的海洋环境。三是统筹国内国际两个大局，构建满足国家海外利益保护、维护和进一步拓展防卫体系。我们要根据《联合国海洋法公约》规定，采取得力措施和有效手段，保护和维护我国的海洋核心利益，加强与世界各国的海外贸易和文化交流，切实保证所需的海上航线畅通，以及海外公民、海外投资企业安全等，“遵循‘远近复合、军民融合、平战结合’原则，构筑行动力量系统，完善法律法规系统，建立支援保障系统，最终形成覆盖我国海洋利益相关海域与维护国家海洋安全和发展利益相适应的防卫体系。”[③] 我们要以海洋

---

① 习近平：《进一步关心海洋认识海洋经略海洋 推动海洋强国建设不断取得新成就》，《人民日报》2013 年 8 月 1 日第 1 版。

② 同上。

③ 冯梁：《打造国家海洋安全战略》，《世界知识》2014 年第 8 期。

生态文化为引领，解决好海洋社会存在的矛盾、问题和争端，防范和化解海上安全风险，争取和平发展的重要机遇期，统筹国内国际两个大局，保证国家海洋战略安全，为我国海洋强国建设服务。

参考文献

一 著作

《马克思恩格斯选集》（第1卷），人民出版社1972年版。
《马克思恩格斯选集》（第1卷），人民出版社1995年版。
《马克思恩格斯选集》（第2卷），人民出版社1972年版。
《马克思恩格斯选集》（第2卷），人民出版社1995年版。
《马克思恩格斯选集》（第3卷），人民出版社1995年版。
《马克思恩格斯选集》（第4卷），人民出版社1995年版。
《马克思恩格斯全集》（第21卷），人民出版社1984年版。
《马克思恩格斯全集》（第23卷），人民出版社1972年版。
《马克思恩格斯全集》（第26卷），人民出版社2014年版。
《马克思恩格斯全集》（第20卷），人民出版社2008年版。
《马克思恩格斯全集》（第30卷），人民出版社1974年版。
《马克思恩格斯文集》（第2卷），人民出版社2009年版。
《马克思恩格斯全集》，人民出版社1957年版。
《马克思恩格斯文集》（第4卷），人民出版社2009年版。
《马克思恩格斯全集》（第5卷），人民出版社1958年版。
《马克思恩格斯全集》（第12卷），人民出版社1962年版。
《马克思恩格斯全集》（第10卷），人民出版社1998年版。
《马克思恩格斯全集》（第15卷），人民出版社1963年版。
《马克思恩格斯全集》（第14卷），人民出版社1964年版。
毛泽东：《毛泽东外交文选》，中央文献出版社1994年版。

邓小平：《邓小平文选》（第3卷），人民出版社1993年版。

江泽民：《江泽民文选》（第3卷），人民出版社2006年版。

习近平：《习近平谈治国理政》，外文出版社2014年版。

中共中央宣传部：《习近平系列重要讲话读本》，学习出版社、人民出版社2014年版。

中共中央文献研究室：《习近平关于全面深化改革论述摘编》，中央文献出版社2014年版。

中共中央文献研究室：《十七大以来重要文献选编》（上），中央文献出版社2009年版。

［德］A. 施米特：《马克思的自然概念》，商务印书馆1988年版。

［美］阿尔文·托夫勒：《力量转移》，刘炳章等译，新华出版社1996年版。

［法］笛卡尔：《探求真理的指导原则》，管震湖译，商务印书馆1999年版。

杜向民等：《当代中国马克思主义生态观》，中国社会科学出版社2012年版。

［德］恩斯特·卡西尔：《人论》，甘阳译，译文出版社1985年版。

何怀宏：《生态伦理——精神资源与哲学基础》，河北大学出版社2002年版。

黄承梁、余谋昌：《生态文明：人类社会全面转型》，中共中央党校出版社2010年版。

［美］霍尔姆斯·罗尔斯顿：《环境伦理学：大自然的价值以及人对大自然的义务》，杨通进译，中国社会科学出版社2000年版。

江泽慧：《生态文明时代的主流文化——中国生态文化体系研究总论》，人民出版社2013年版。

［美］卡洛琳·麦茜特：《自然之死》，吴国盛等译，吉林人民出版社1999年版。

［德］康德：《实践理性批判》，韩水法译，商务印书馆1999年版。

［德］克劳斯·科赫：《自然性的终结：生物技术与生物道德之我见》，王立君等译，社会科学文献出版社2005年版。

［德］蓝德曼：《哲学人类学》，彭富春译，工人出版社 1988 年版。

雷毅：《深层生态学思想研究》，清华大学出版社 2001 年版。

黎虎：《汉唐饮食文化》，北京师范大学出版社 1998 年版。

李春尧：《中庸译注》，岳麓书社 2016 年版。

李宏煦：《生态社会学概论》，冶金工业出版社 2009 年版。

［美］利奥波德：《沙乡的沉思》，侯文蕙译，经济科学出版社 1992 年版。

临淄区政协文史委：《齐国重要事件》，中国文史出版社 2002 年版。

刘勇等：《山东半岛蓝色经济区建设的关键问题研究》，中国社会科学出版社 2013 年版。

鲁春晓：《新形势下中国非物质文化遗产保护与传承关键性问题研究》，中国社会科学出版社 2017 年版。

［美］罗德里克·纳什：《大自然的权利》，杨通进译，青岛出版社 1999 年版。

冒从虎：《欧洲哲学史》（下卷），南开大学出版社 1982 年版。

苗力田译：《亚里士多德选集》（第 9 卷），中国人民大学出版社 1994 年版。

［美］尼古拉·尼葛洛庞帝：《数字化生存》，胡泳等译，海南出版社 1997 年版。

［俄］普列汉诺夫：《论艺术》，生活·读书·新知三联书店 1973 年版。

《十三经注疏》，上海古籍出版社 1997 年版。

时金科：《道解庄子》，中央编译出版社 2015 年版。

孙红颖解译：《荀子全鉴》，中国纺织出版社 2016 年版。

王诗成：《龙，将从海上腾飞——21 世纪海洋战略构想》，青岛海洋大学出版社 1997 年版。

王正平：《环境哲学——环境伦理的跨学科研究》，上海教育出版社 2014 年版。

［德］乌尔里希·贝克：《风险社会》，何博文译，译林出版社 2004 年版。

徐澍、刘浩注释：《道德经》，安徽人民出版社 1990 年版。

杨伯峻：《论语译注》，中华书局 1980 年版。

杨伯峻译注：《孟子译注》，中华书局 1960 年版。

余谋昌：《生态文化论》，河北教育出版社 2001 年版。

［美］约翰·奈斯比特：《大趋势——改变我们生活的十大新方向》，梅艳译，中国社会科学出版社 1984 年版。

［美］詹姆斯·奥康纳：《自然的理由：生态学马克思主义研究》，唐正东、臧佩洪译，南京大学出版社 2003 年版。

张闻玉译注：《逸周书全译》，贵州人民出版社 2000 年版。

张志伟：《西方哲学十五讲》，北京大学出版社 2004 年版。

章海荣：《生态伦理与生态美学》，复旦大学出版社 2006 年版。

赵敦华：《西方哲学简史》，北京大学出版社 2001 年版。

赵载光：《中国古代生态文化与哲学》（第一版），文化艺术出版社 2006 年版。

二 文章

（一）杂志

《21 世纪科学的重大方向：国际海洋与城市科学》（2012 - 10 - 19），http：//www. npopss - cn. gov. cn/n/2012/1019/c219470 - 19319926. html。

Authony D. B. , Elizabeth A. H. , Jordi B. , et al. , Approoaching a State Shift in Earth's Biosphere. *Nature*, 486（7401）, 2012.

C. Michael Hall, Trends in Ocean and Coastal Tourism：The end of The Last frontier? *Ocean & Coastal Management*, 4, 2001.

Millennium Ecosystem Assessment. Ecosystems and Human Well - Being：Biodiversity Synthesis. World Resources Institute, Washington, DC. 2005.

包庆德、夏雪：《国内学界关于生态学马克思主义生态危机根源研究述评》，《南京林业大学学报》（人文社会科学版）2010 年第 2 期。

鲍宗豪：《全球视野下的都市精神文化》，《科学发展》2009 年第 12 期。

陈建华：《对海洋生态文明建设的思考》，《海洋开发与管理》2009

年第4期。

陈璐:《试析生态文化的内涵及创建》,《广西社会科学》2011年第4期。

陈培永、刘怀玉:《生态学马克思主义的生态政治哲学结构》,《南京社会科学》2010年第2期。

陈淑丽:《社会文化环境对人才成长的影响探析》,《理论研究》2010年第6期。

陈文:《试析习近平生态文明思想的伦理蕴涵》,《武夷学院学报》2018年第11期。

陈学明:《“生态马克思主义”对于我们建设生态文明的启示》,《复旦学报》(社会科学版)2008年第4期。

崔凤:《海洋与社会协调发展:研究视角与存在问题》,《中国海洋大学学报》(社会科学版)2004年第6期。

董学清:《海洋发展指数 认知海洋的风向标》,《走向世界》2014年第1期。

冯梁:《打造国家海洋安全战略》,《世界知识》2014年第8期。

盖雷:《海洋生态学与中国可持续发展》,《学理论》2011年第27期。

高雪梅、孙祥山、于旭蓉:《“一带一路”背景下海洋文化对海洋生态文明建设影响力研究》,《广东海洋大学学报》2017年第2期。

耿国彪:《〈中国海洋生态文化〉研究成果在深圳发布》,《绿色中国》2016年第11期。

顾自刚:《发达国家海洋经济发展经验对浙江的启示》,《宁波广播电视大学学报》2013年第2期。

《国际知名海洋同化专家访问南海海洋所》(2004－12－16),http://www.cas.cn/hzj l/gjjl/hzdt/200412/t20041216_1713048.shtml。

《国家海洋局党组书记、局长刘赐贵在亚太经合组织海洋可持续发展中心成立大会上的讲话》,《海洋开发与管理》2011年第10期。

《海洋经济热浪拍岸 顶尖专家建言献策——万山海洋开发和海洋经济发展战略高层专家研讨会》(2012－06－28),http://www.zhsw.gov.

cn/sww_gqdw/gzdt/201206/t20120628_302094. html。

韩祥金：《人类中心主义的再反思》，《理论学刊》2005 年第 4 期。

黄家庆：《广西沿海开发区海洋生态文化构建研究》，《广西社会科学》2016 年第 11 期。

江泽慧：《大力弘扬生态文化携手共建生态文明——在全国政协十一届二次会议上的发言》，《中国城市林业》2009 年第 2 期。

江宗超、林加：《全广西海洋文化的生态伦理转向》，《长春工业大学学报》（社会科学版）2013 年第 1 期。

李延成、朱莉：《山东半岛蓝色经济区城镇发展战略规划初探》，《城乡建设》2010 年第 9 期。

廖国强、关磊：《文化·生态文化·民族生态文化》，《云南民族大学学报》（哲学社会科学版）2011 年第 4 期。

林昆勇：《学习习近平总书记关于海洋事业的重要论述》，《理论建设》2018 年第 6 期。

林伟：《佛教“众生”概念及其生态伦理意义》，《学术研究》2007 年第 12 期。

刘赐贵：《守护蓝色家园　共建美丽中国》，《求是》2013 年第 11 期。

刘寒春：《论人类中心主义的历史演进——兼谈对当前生态危机的看法》，《中共四川省委党校学报》2005 年第 2 期。

刘家沂：《构建海洋生态文明的战略思考》，《今日中国论坛》2007 年第 12 期。

刘康：《国际海洋开发态势及其对我国海洋强国建设的启示》，《科技促进发展》2013 年第 9 期。

刘丽、袁书琪：《中国海洋文化的区域特征与区域开发》，《海洋文化与管理》2008 年第 3 期。

刘敏：《大学生对中国特色社会主义道路认同教育思考》，《法制博览》2019 年第 2 期。

刘湘溶：《我国生态文明建设应致力于“一个构建”和“六个推进”》，《湖南师范大学社会科学学报》2008 年第 4 期。

刘小刚、张晓忠:《关心海洋 认识海洋 经略海洋——习近平海洋强国思想探析》,《江苏理工学院学报》2018 年第 5 期。

刘勇、刘秀香:《对我国海洋生态文化建设问题的思考》,《福建江夏学院学报》2013 年第 4 期。

刘勇、刘秀香:《浅谈山东半岛蓝色经济区海洋生态文明建设》,《潍坊学院学报》2013 年第 5 期。

刘中民:《国际海洋形势变革背景下的中国海洋安全战略—— 一种框架性的研究》,《国际观察》2011 年第 3 期。

罗续业:《发展海洋观测技术 建设业务保障体系》,《海洋开发与管理》2012 年第 6 期。

马彩华、赵志远、游奎:《略论海洋生态文明建设与公众参与》,《中国软科学增刊》(上)2010 年第 S1 期。

马骏、狄龙:《海洋环境保护意识和策略探析》,《科技风》2011 年第 4 期。

马仁锋、侯勃、窦思敏、王腾飞:《海洋生态文化的认知与实践体系》,《宁波大学学报》(人文科学版)2018 年第 1 期。

毛竹、薛雄志:《构建我国海洋生态文明建设制度体系研究》,《海洋开发与管理》2017 年第 8 期。

茅临生:《关于我省保护海洋环境发展海洋经济情况的报告》,《浙江人大》(公报版)2009 年第 3 期。

米靖:《论〈管子〉中黄老道家“德刑相辅”的教育思想》,《管子学刊》2001 年第 3 期。

彭东昱:《建设海洋强国是实现中华民族伟大复兴的必然选择》,《中国人大》2019 年第 1 期。

曲金良:《中国海洋文化研究的学术史回顾与思考》,《中国海洋大学学报》(社会科学版)2013 年第 4 期。

佘正荣:《生态文化教养:创建生态文明所必需的国民素质》,《南京林业大学学报》(人文社会科学版)2008 年第 3 期。

舒代宁:《坚持协调论的环境观》,《衡阳师范学院学报》(社会科学版)2001 年第 4 期。

宋宁而、王聪：《海洋文化生态的保护与建设——以青岛渔盐古镇韩家村为例》，《广东海洋大学学报》2012 年第 2 期。

隋建华、吕海霞：《谈〈管子〉人性论特色》，《齐鲁师范学院学报》2013 年第 5 期。

孙敏：《关于海洋环境文化建设与海洋环境保护的若干思考》，《海洋环境科学》2008 年第 1 期。

孙倩、于大涛、鞠茂伟、金帅辰、王薇、关骁倢：《海洋生态文明绩效评价指标体系构建》，《海洋开发与管理》2017 年第 7 期。

唐庆宁：《服务沿海开发　建设海洋强省》，《海洋开发与管理》2012 年第 2 期。

王虹、叶逊、邓运高：《生态工业园区思想演进脉络探析》，《技术经济与管理研究》2005 年第 4 期。

王辉：《“人与天调”——〈管子〉生态伦理思想及其现代意蕴》，《天府新论》2010 年第 2 期。

王曙光：《〈管子〉——“人与天调”的生态观》，《管子学刊》2006 年第 3 期。

王小龙：《马克思视阈下的“太平洋时代”——兼论“太平洋时代”和“中国梦”的实现》，《太平洋学报》2014 年第 7 期。

王小龙：《马克思与恩格斯的海洋观：世界历史中的海洋与国运》，《太平洋学报》2015 年第 7 期。

王义娜：《烟台市创建国家海洋经济发展示范区问题研究》，《烟台职业学院学报》2018 年第 4 期。

王逸舟：《论“太平洋时代”》，《太平洋学报》1994 年第 1 期。

王雨辰：《生态辩证法与解放的乌托邦——评本·阿格尔的生态学马克思主义理论》，《武汉大学学报》（人文科学版）2006 年第 2 期。

王雨辰：《制度批判、技术批判、消费批判与生态政治哲学——论西方生态学马克思主义的核心论题》，《国外社会科学》2007 年第 2 期。

王兆君、刘帅：《基于国际比较的山东省蓝色经济发展对策研究》，《青岛科技大学学报》（社会科学版）2010 年第 4 期。

王苧萱：《山东海洋文化发展的生态学走向》，《生态经济》2016 年第7期。

徐敬俊、韩立民：《海洋经济基本概念解析》，《太平洋学报》2002年第11期。

徐文玉：《我国海洋生态文化产业及其发展策略刍议》，《生态经济》2018年第1期。

徐杏：《海洋经济理论的发展与我国的对策》，《海洋开发与管理》2002年第2期。

杨柳薏：《海洋生态文化保护的法律思考》，《广西社会科学》2017年第4期。

杨录强：《环保专项资金绩效审计评价指标体系构建》，《财政监督》2018年第22期。

杨佩岑：《浅析培根“知识就是力量”的哲学内涵》，《山西大学师范学院学报》（哲学社会科学版）1998年第3期。

杨秀萍：《习近平生态文明思想的理论体系构建》，《赣南师范大学学报》2019年第2期。

杨振姣、齐圣群：《山东半岛蓝色经济区海洋生态安全政策体系研究》，《中国海洋社会学研究》2015年第00期。

杨智慧：《经典伦理学理论对信息伦理的观照》，《经济技术协作信息》2006年第21期。

叶冬娜：《海洋生态文化观的哲学解读》，《淮海工学院学报》（人文社会科学版）2014年第3期。

叶冬娜：《海洋生态文化研究探析》，《辽宁工业大学学报》（社会科学版）2015年第5期。

叶冬娜：《在实践中推进海洋生态文化的建设》，《中北大学学报》（社会科学版）2016年第4期。

衣俊卿：《论日常思维与原始思维的内在关联——关于人类精神演进机制的新探索》，《理论探讨》1994年第6期。

余谋昌：《环境哲学的使命：为生态文化提供哲学基础》，《深圳大学学报》（人文社会科学版）2007年第3期。

余谋昌：《生态文化是一种新文化》，《长白学刊》2005年第1期。

余谋昌：《走出人类中心主义》，《自然辩证法研究》1994 年第 7 期。

於贤德：《中国古代生态文化的思想源流》，《嘉兴高等专科学校学报》2000 年第 1 期。

俞树彪：《舟山群岛新区推进海洋生态文明建设的战略思考》，《未来与发展》2012 年第 1 期。

郁树廷、孙新志、陈树玉：《建立理工科大学生人文素质教育体系的价值》，《河北科技大学学报》（社会科学版）2001 年第 1 期。

曾志浩：《启蒙运动的生态哲学批判》，《焦作大学学报》2012 年第 3 期。

张帆：《生态思维——德育思维方式转换的新视角》，《法制与社会》2012 年第 33 期。

张怀承、任俊华：《论中国佛教的生态伦理思想》，《吉首大学学报》（社会科学版）2003 年第 3 期。

张丽婷、段康弘、刘婷婷、张震海：《区域共建模式下海洋生态文明示范区建设的探究》，《海洋开发与管理》2014 年第 10 期。

张丽婷、段康弘、刘婷婷、张震海：《区域共建模式下海洋生态文明示范区建设的探究》，《海洋开发与管理》2014 年第 10 期。

张意姜：《经济转型期我国海洋资源的产业化开发研究》，《城市》2008 年第 8 期。

张永贞、张开城：《关于海洋文化生态的几个问题》，《经济与社会发展》2009 年第 10 期。

赵利民：《加强海洋生态文明建设　促进海洋经济转型升级》，《海洋开发与管理》2010 年第 8 期。

赵玲：《基于公众参与的海洋生态文化建设初探》，《经济师》2017 年第 8 期。

赵明利等：《珠江口地区区域海岸带综合管理模式初探》，《海洋开发与管理》2012 年第 7 期。

郑冬梅：《海洋生态文明建设——厦门的调查与思考》，《中共福建省委党校学报》2008 年第 11 期。

郑冬梅、洪荣标：《关于海洋环境文化建设与海洋环境保护的若干思考》,《海洋环境科学》2008 年第 1 期。

郑贵斌:《蓝色经济实践与海洋强国建设前瞻》,《理论学刊》2014 年第 3 期。

《中共中央关于全面推进依法治国若干重大问题的决定》,《前线》2014 年第 11 期。

《〈中国 21 世纪议程〉——中国 21 世纪人口、环境与发展白皮书》,《中华护理杂志》1995 年第 7 期。

钟妹贵、毛献峰:《近代人类中心主义的理论反思》,《沈阳大学学报》2009 年第 1 期。

周生贤:《中国特色生态文明建设的理论创新和实践》,《求是》2012 年第 19 期。

(二)报纸

本报评论员:《做好经略海洋这篇大文章》,《大众日报》2018 年 3 月 11 日。

郭先登:《努力提高蓝色经济核心区建设水平》,《青岛日报》2011 年 2 月 19 日。

国家海洋局机关党校 2013 年春季第 34 期干部进修班海洋经济与环保课题组:《我国海洋生态文明建设刍议与对策思考》,《中国海洋报》2013 年 7 月 2 日。

《国务院正式批复〈山东半岛蓝色经济区发展规划〉半岛蓝色经济区建设上升为国家战略》,《大众日报》2011 年 1 月 7 日。

胡锦涛:《坚定不移沿着中国特色社会主义道路前进 为全面建成小康社会而奋斗——在中国共产党第十八次全国代表大会上的报告》,《人民日报》2012 年 11 月 18 日。

李明杰、郑苗壮:《推进海洋生态环境保护法治建设》,《中国海洋报》2014 年 12 月 22 日。

廉卫东、杨学莹、赵琳、魏然、张春晓、李子路、齐静、赵君:《深耕海洋这个高质量发展战略要地》,《大众日报》2018 年 3 月 10 日。

刘赐贵:《开发利用海洋资源必须坚持“五个用海”》,《人民日报》2011 年 9 月 28 日。

刘家义：《深入贯彻落实习近平总书记海洋强国战略思想　努力在发展海洋经济上走在前列——在山东海洋强省建设工作会议上的讲话》，《大众日报》2018 年 5 月 11 日。

山东省海洋与渔业厅：《2017 年山东省海洋环境状况公报》（2015 - 05 - 28），http：//www. hssd. gov. cn。

《深化改革开放优化发展环境闯出老工业基地振兴发展新路》，《大众日报》2016 年 5 月 26 日。

《省委、省政府印发〈山东海洋强省建设行动方案〉》，《大众日报》2018 年 5 月 12 日。

宋正海：《中国传统海洋文化中的自然观和科学思想》，《光明日报》2005 年 7 月 14 日。

王川、周艳：《向海图强，山东巨轮再起航》，《大众日报》2018 年 5 月 10 日。

王颖：《海洋文化特征及中国海洋文化》，《中国海洋报》2008 年 3 月 10 日。

习近平：《进一步关心海洋认识海洋经略海洋　推动海洋强国建设不断取得新成就》，《人民日报》2013 年 8 月 1 日。

习近平：《决胜全面建成小康社会　夺取新时代中国特色社会主义伟大胜利——在中国共产党第十九次全国代表大会上的报告》，《人民日报》2017 年 10 月 28 日。

习近平：《深化文明交流互鉴 共建亚洲命运共同体——在亚洲文明对话大会开幕式上的主旨演讲》，《人民日报》2019 年 5 月 16 日。

习近平：《顺应时代前进潮流　促进世界和平发展》，《人民日报》2013 年 3 月 24 日。

习近平：《在中央城镇化工作会议上发表重要讲话》，《大众日报》2013 年 12 月 15 日。

新华社：《绿水青山和金山银山决不对立》，《大众日报》2014 年 3 月 8 日。

新华社：《同筑生态文明之基　同走绿色发展之路》，《大众日报》2019 年 4 月 29 日。

徐锦庚：《从陆域迈向海洋——解读〈山东半岛蓝色经济区发展规划〉》，《人民日报》2011年2月16日。

《学习贯彻胡锦涛视察山东重要讲话：深刻把握总体要求》，《大众日报》2009年4月27日。

俞海、刘越、王勇、吴舜泽：《习近平生态文明思想：内涵实质、体系特征与时代意义》，《中国环境报》2018年6月15日。

张岂之：《从天人之学看中华文化特色》，《人民日报》2017年4月5日。

赵利民：《保护海洋环境　建设生态文明》，《中国海洋报》2011年1月18日。

《中共中央关于坚持和完善中国特色社会主义制度，推进国家治理体系和治理能力现代化若干重大问题的决定》，《人民日报》2019年11月6日第1版。

《中国共产党第十八届中央委员会第五次全体会议公报》，《大众日报》2015年10月30日。

《重大发展机遇》，《大众日报》2011年1月7日。

（三）学位论文

邓玉兰：《论人类中心主义生态伦理观》，硕士学位论文，西南大学，2011年。

杜艳婷：《中国古代生态思想与当代环境伦理观的构建》，硕士学位论文，青海师范大学，2011年。

范洪：《论无中心的人类中心主义生态理念》，硕士学位论文，重庆大学，2012年。

胡红生：《社会心态论》，博士学位论文，武汉大学，2004年。

李德书：《从人类中心主义到生命和谐——动物保护研究》，硕士学位论文，华东政法学院，2007年。

李会霞：《刘基生态思想研究》，硕士学位论文，苏州大学，2016年。

李忠友：《生态文化及当代价值研究》，博士学位论文，吉林大学，2016年。

林强：《蓝色经济与蓝色经济区发展研究》，博士学位论文，青岛大学，2010年。

鹿红：《我国海洋生态文明建设研究》，博士学位论文，大连海事大学，2018 年。

罗骏：《春秋战国时期保护和合理利用自然资源的理论和实践》，硕士学位论文，四川大学，2007 年。

欧玲：《海洋生态文化建设初探——以厦门为例》，硕士学位论文，国家海洋局第三海洋研究所，2013 年。

史克强：《可持续发展视域下人类中心主义之扬弃研究》，硕士学位论文，渤海大学，2012 年。

叶冬娜：《构建基于马克思恩格斯生态思想的海洋生态文化》，硕士学位论文，福建师范大学，2015 年。

张冉：《文化自觉论》，博士学位论文，华中科技大学，2010 年。

张玉玉：《道家生态思想的本体论、生命观、价值观解析》，硕士学位论文，沈阳工业大学，2017 年。

（四）论文集

范英、严考亮：《论以人为本的海洋社会建设体系》，《第二届海洋文化与社会发展研讨会论文集》2011 年。

《海洋文化生态的保护与建设——以青岛渔盐古镇韩家村为例》，《第三届海洋文化与社会发展研讨会论文集》2012 年。

韩孝成：《生态文明的基本特征及其建设的战略对策》，《2010 中国环境科学学会学术年会论文集》（第 1 卷）2010 年。

李延成、柳同音：《山东半岛蓝色经济区城镇可持续发展研究》，《2010 中国可持续发展论坛 2010 年专刊（一）》2010 年。

王斌：《保护海洋生态环境构建和谐海洋文化》，《中国海洋文化论文选编》，海洋出版社 2008 年版。

杨凡：《浅议海洋文化与海洋环境保护》，《中国海洋文化论文选编》，海洋出版社 2008 年版。

后　记

党的十九大提出了"坚持陆海统筹，加快建设海洋强国"① 战略部署，2018 年 6 月 12 日习近平总书记强调，海洋经济发展前途无量。建设海洋强国，必须进一步关心海洋、认识海洋、经略海洋，加快海洋科技创新步伐。② 在新形势下，大力发展海洋生态文化，加快山东海洋强省建设，对于促进我国海洋事业科学发展，尽快实现"两个一百年"奋斗目标，实现中华民族伟大复兴具有十分重要的意义。

第一，建设海洋生态文化能够加深人们对海洋思想的理解和认识。建设海洋生态文化不但会丰富海洋生态建设的理论宝库，而且为深化海洋生态文明建设提供理论支撑，为建设和谐蓝色海洋奠定理论基础，有助于加深人们对马克思主义关于海洋思想的理解；同时，还可以帮助人们树立海洋生态文明观，形成尊重海洋、热爱海洋、保护海洋、建设美丽海洋的理念，提高人们对海洋资源节约、海洋环境保护的文化自觉，有利于深化人们对马克思主义关于人与海洋关系的认识。

第二，建设海洋生态文化能够丰富社会主义文化建设理论体系。海洋生态文化的出现，标志着人类对待蓝色海洋思维方式的重大转变，也标志着人类化解海洋生态危机新方法论的产生，使人类对海洋的开发、利用和保护方式朝着生态化的方向创新发展。因此，海洋生态文化建设

---

① 习近平：《决胜全面建成小康社会　夺取新时代中国特色社会主义伟大胜利——在中国共产党第十九次全国代表大会上的报告》，《人民日报》2017 年 10 月 28 日。

② 新华社：《切实把新发展理念落到实处　不断增强经济社会发展创新力》，《大众日报》2018 年 6 月 15 日第 1 版。

可以帮助人们逐步形成新的价值观、伦理观、思维方式，以及生产和生活方式等，这将进一步发展海洋文化、生态文化和海洋生态文明研究成果，丰富社会主义文化建设理论体系。

第三，建设海洋生态文化能够引领我国海洋事业的科学发展，早日实现中国梦和建成小康社会的奋斗目标。海洋经济和现代科技的快速发展，使人类面对的海洋问题日益增多，由海洋系统导致的、复杂的生态大系统内部的不确定性、随机性剧增；尤其是当前世界各国对海洋资源开发和争夺日趋激烈的国际态势，迫切要求把维护海洋权益摆到重要的位置。建设海洋生态文化有助于解决以上限制海洋事业科学发展的一系列问题，早日实现中华民族的伟大复兴。

第四，建设海洋生态文化是我国海洋生态环境保护实践经验的理论升华，也是我国海洋经济科学发展的战略选择。建设海洋生态文化既能够为我国的海洋生态环境保护工作提供理论指导、借鉴服务和决策依据，又有助于解决当前我国海洋经济发展中存在的开发、利用和保护，以及资源、环境和经济发展的矛盾，具有十分重要的实践意义。

《海洋生态文化建设研究——以山东半岛蓝色经济区为例》一书既是对山东半岛蓝色经济区海洋生态文化建设的前沿性、紧迫性、重点性问题的探究，也是山东省人文社会科学课题“海洋生态文化建设研究——以山东半岛蓝色经济区为例”的最终成果。本成果是由课题组集体共同完成的，各部分及章节分工如下：前言、后记，刘勇；第一部分（第一章、第二章、第三章），第二部分（第四章、第五章、第六章）刘勇、于国；第三部分（第七章、第八章、第九章、第十章、第十一章）刘勇、鲁春晓；第四部分（第十二章、第十三章）刘勇、郭文康；第五部分（第十四章、第十五章、第十六章）刘勇、郎芳。

我作为“海洋生态文化建设研究——以山东半岛蓝色经济区为例”课题组的负责人，除了落实研究课题、拟定写作提纲、组织指导研究、撰写主要章节外，还负责全书的修改和统稿工作。在此书付梓出版的过程中，我对书稿认真细致、字斟句酌、反复修改了很多遍。由于本课题属于前沿性、紧迫性、重点性课题，研究视角需要独辟蹊径；有些内容涉及多学科交叉，需要参考其他学科的研究成果，经过对比研究才能实现实践经验的理论升华；就是本课题内部各章节之间，也经常发生内容上如何互相补充、协调的问题。以上问题给我们的研究工作带来了很多很大困难。不过，我们还是尽了最大努力去解决这些问题。由于受自身理论水平和学识水平所限，对当代海洋生态文化及其建设的研究还不够深入等原因，尽管我们作了最大的努力，书中必定仍会存在许多缺陷与不足，敬请同行专家不吝赐教，恳望读者批评指正。

海洋生态文化建设研究的时间不长，特别是以山东半岛蓝色经济区为例研究海洋生态文化建设尚属首次。因此，对它的认识也是一个循序渐进的发展过程。本书在研究和写作过程中，参考并利用了国内外海洋文化、生态文化、生态文明、海洋生态文化、海洋生态文明建设等理论界[①]大量的研究成果和资料，汲取了他们许多有价值的思想营养。没有这些成果和资料，本书的研究和写作不可能如此顺利开展，而且也很难完成，但书中没能对所运用的研究成果一一加以注明，我们谨致谢意和歉意。

特别需要指出的是山东大学文史哲研究院张士闪教授百忙中欣然为该书作序；在编辑出版的过程中，潍坊学院党委书记孙文亮教授、校长冯滨鲁教授、副校长赵光强教授，以及科研处给予了全力支持与帮助，我的妻子刘秀香女士帮我审阅了大量的书稿内容，中国社会科学出版社孔继萍编辑倾注了大量精力和心血，在此一并表示深深的谢意！

刘 勇

2019 年 5 月 31 日于潍大花园

---

① 叶冬娜：《在实践中推进海洋生态文化的建设》，《中北大学学报》（社会科学版）2016 年第 4 期。